Peter Heiß
Holographie-Fibel

Peter Heiß

Holographie-Fibel

Hologramme
verstehen und
selbermachen

2., erweiterte Auflage

Wittig Fachbuch

Diplom-Physiker Dr. Peter Heiß ist Privatdozent an der Universität Köln. Seit vielen Jahren beschäftigt er sich mit der Holographie und der Herstellung von Hologrammen. Neben seiner Tätigkeit als Physiklehrer an einem Gymnasium und als Lehrbeauftragter an der Fachhochschule Niederrhein ist er nicht nur Insidern durch seine Vorträge und Seminare über Holographie und die Herstellung von Hologrammen ein Begriff. Seine Lehrerfortbildungskurse und seine Zeitschriften- und Buchveröffentlichungen sind nicht nur wegen ihrer fachlichen, sondern auch wegen ihrer didaktischen Kompetenz geschätzt.

CIP-Kurztitelaufnahme der Deutschen Bibliothek
Heiß, Peter:
Holographie-Fibel: Hologramme verstehen und selbermachen / Peter Heiß. – 2. Aufl. – Hückelhoven: Wittig, Fachbuchverlag, 1987.
(Wittig-Fachbuch)
ISBN 3-88984-029-9

---

2. Auflage 1987

Herausgeber: Matthias Lauk

Alle Rechte vorbehalten

© R. Wittig Fachbuchverlag, Hückelhoven 1986.

Kein Teil des Werkes darf in irgendeiner Form (Druck, Fotokopie, Mikrofilm oder einem anderen Verfahren) ohne schriftliche Genehmigung des Verlages reproduziert oder unter Verwendung elektronischer Systeme verarbeitet, vervielfältigt oder verbreitet werden. Trotz größter Sorgfalt kann auch bei diesem Buch eine absolute Fehlerfreiheit nicht garantiert werden. Für Folgen, die sich aus fehlerhaften Angaben ergeben, übernehmen Verlag und Verfasser keinerlei Haftung oder juristische Verantwortung.

Printed in Germany

Druck und buchbinderische Verarbeitung: Lengericher Handelsdruckerei, Lengerich

Umschlaggestaltung: M. Mittelstädt, Hünxe

Rita Wittig, Fachbuchverlag, Chemnitzer Straße 10, 5142 Hückelhoven

ISBN 3-88984-029-9

Zum Geleit

Mit der Gründung des Museums für Holographie und neue visuelle Medien im Jahre 1979 war von Anfang an die Intention verbunden, den Bekanntheitsgrad und das öffentliche Interesse an der Holographie zu fördern und zu steigern.

Seit seinem Bestehen hat das Museum vielfältige Aktivitäten in dieser Richtung unternommen. So wurden bislang neben der ständigen Ausstellung des Museums zahlreiche Sonderausstellungen, die in vielen Städten des In- und Auslandes zu sehen waren, veranstaltet.

Darüber hinaus hat das Museum einen eigenen Holographie-Workshop eingerichtet, der Holographieinteressierten die Möglichkeit bietet, praktische Erfahrungen im Umgang mit dem neuen Medium zu sammeln. Die in diesem Buch behandelten Verfahren zur Herstellung von Hologrammen entsprechen den im Workshop praktizierten Techniken.

Eine seiner wichtigsten Aufgaben sieht das Museum in der notwendigen Förderung talentierter junger Künstler sowie in der Verbreitung eines eingehenderen Verständnisses der vielfältigen technischen und gestalterischen Möglichkeiten, die das Medium zu bieten hat. Wünschenswert wäre es, wenn die Holographie – ähnlich wie die Fotografie oder der Amateurfilm – schon bald von vielen als ein neues Hobby entdeckt würde, was bereits seit einigen Jahren in den USA der Fall ist.

Das vorliegende Buch, das von Dr. Peter Heiß mit viel Sachverstand und didaktischem Einfühlungsvermögen verfaßt wurde, wird ganz sicher einen wesentlichen Anteil an einer derartigen Entwicklung nehmen.

Wenngleich das Buch vor allem der Erklärung praktischer Anwendungen der Holographie gewidmet ist, möchte ich es an dieser Stelle dennoch nicht versäumen, auf Aspekte einer erweiterten Wahrnehmung und eines universellen Denkens zu verweisen, die sich mit dem neuen Medium ankündigen.

Matthias Lauk

Vorwort

Bis vor wenigen Jahren wurden Bücher über Holographie in erster Linie für Wissenschaftler geschrieben. Interessenten ohne naturwissenschaftliche Vorbildung, die sich anhand dieser Bücher in das Gebiet der Holographie einzuarbeiten versuchten, wurden meist durch Darstellung komplizierter Formalismen und durch die Beschreibung teurer, für Privatleute unerschwinglicher Apparaturen abgeschreckt.

Erst im Laufe der Zeit stellte es sich heraus, daß für das Verständnis der Grundlagen der Holographie kein wissenschaftliches Studium notwendig ist, und daß die Kosten für die Herstellung kleinerer Hologramme in einem Rahmen gehalten werden können, der auch bei der Ausübung anderer Freizeitbeschäftigungen üblich ist. Diese Entwicklung der Holographie zu einem „Hobby für jedermann" wurde auch durch eine Reihe von Büchern begünstigt, die in Amerika und England erschienen und die sich an Holographieenthusiasten ohne naturwissenschaftliche Vorbildung richteten.

Dieser Linie möchte sich auch das vorliegende Buch anschließen. Es ist für alle Holographieinteressenten geschrieben, die ohne Vorkenntnisse versuchen, sich dieses faszinierende Gebiet in Theorie und Praxis zu erschließen. Dabei konzentriert sich das Buch – entsprechend seinem Titel – auf die Beschreibung einer einfachen, aber in ihrer Anwendung sehr flexiblen Aufnahmeapparatur. Obwohl die hier beschriebene Art, Hologramme aufzunehmen, schon seit den Anfängen der Holographie bekannt ist, wird sie in vielen Holographiebüchern nur kurz oder überhaupt nicht erwähnt.

Naturgemäß bestehen bei einer einfachen Aufnahmeapparatur gewisse Einschränkungen bezüglich der Größe und der Art der herzustellenden Hologramme. Diesem Nachteil stehen aber zwei gerade für Anfänger sehr wichtige Vorteile gegenüber: Die Apparatur erfordert nur wenig Platz und kann schnell auf- und abgebaut werden. Weiterhin ist der geschilderte Aufbau (bei Beachtung entsprechender Vorsichtsmaßnahmen) relativ unempfindlich gegen von außen kommende Erschütterungen, die für die Herstellung aller Hologramme ein besonderes Problem darstellen.

Das Buch beschränkt sich jedoch keineswegs auf die Beschreibung des apparativen Aspekts: In den ersten Kapiteln wird eine einfache, von mathematischen Formeln losgelöste Beschreibung der Grundprinzipien der Holographie gegeben. Der zweite Teil enthält eine in alle Einzelheiten gehende Anleitung zur Herstellung von Hologrammen. Dabei werden weder Optikkenntnisse noch Vorkenntnisse über Dunkelkammerarbeiten vorausgesetzt. Im dritten Teil wird ein Ausblick auf komplizierter herzustellende Hologrammarten und auf Anwendungen der Holographie gegeben. Der vierte Teil geht nochmals auf die physikalischen Grundlagen der Holographie ein. Im Gegensatz zum ersten Teil wird dabei aber eine Beschreibung gegeben, mit deren Hilfe auch quantitative Aussagen über Hologramme gewonnen werden können (Zahlenangaben über Vergrößerungsverhältnisse, Brennweiten und Verzerrungen des holographischen Bildes). Diese Beschreibung kann z. B. im Physikunterricht der gymnasialen Oberstufe bei der Behandlung der Holographie verwendet werden.

Ein Anhang mit Tabellen über Entwicklungschemikalien und ihre Besonderheiten runden das Buch ab.

An dieser Stelle möchte ich mich bei Herrn Prof. J. Gutjahr bedanken, der mir bei meinen ersten Schritten in die holographische Praxis hilfreich zur Seite stand.

Peter Heiß

Vorwort zur zweiten Auflage

Nach dem Erscheinen der Holographie-Fibel teilte die Fa. Ilford mit, daß sie beabsichtige, auf dem deutschen Markt holographisches Filmmaterial zu vertreiben. Da Holographie-Interessenten von einem vergrößerten Angebot nur profitieren können, wurde die zweite Auflage der Holographie-Fibel um ein Kapitel über den neuen Film erweitert (im Anhang). Dieses Kapitel beruht teils auf ersten Erfahrungen des Autors mit dem Ilford-Film, teils ist der Inhalt Informationsschriften der Herstellerfirma entnommen.

Weiterhin wurden in der vorliegenden Auflage einige Zeichnungen durch Fotos ergänzt. Wir hoffen, daß durch diese Zusätze das Ziel des Buches, als Anleitung zum Selbermachen zu dienen, noch besser erreicht wird.

Peter Heiß

Dank

Den folgenden Firmen danken wir für die Überlassung von Abbildungen:

Rottenkolber Holo-System GmbH
Henschelring 15, 8011 Kirchheim

Siemens Aktiengesellschaft
Postfach 103, 8000 München 1

Spindler & Hoyer GmbH & Co
Königsallee 23, 3400 Göttingen

Für freundliche Unterstützung danken wir ferner:

Ilford GmbH
Dornhofstraße 100, 6078 Neu-Isenburg

Rofin-Sinar Laser GmbH
Berzeliusstraße 87, 2000 Hamburg 74

Spectra-Physics GmbH
Siemensstraße 20, 6100 Darmstadt

Dieses Buch entstand in enger Zusammenarbeit mit dem
Museum für Holographie & neue visuelle Medien
Pletschmühlenweg 7, D-5024 Pulheim 1

Inhalt

1. Die Grundlagen der Holographie
Was Hologramme sind und wie sie erfunden wurden 13
Stereoskopisches Sehen 13
Die Entdeckung von Dennis Gabor 15
Die Wellennatur des Lichts 16
Mehr Wissenswertes über Lichtwellen 21
Kohärenz: der Gleichtakt von Lichtwellen 23
Der Laser: eine fast ideale Lichtquelle 25
Ein Hologramm entsteht 28
Was bei der Hologrammwiedergabe geschieht 32
Weißlichthologramme 38

2. Holographie als Hobby
Vorbemerkungen 40
Der Aufnahmeraum 42
Der Aufbau der Aufnahmeapparatur 43
Vermeiden von Reflexionen 50
Raumfilter 52
Das Filmmaterial und seine Verarbeitung 54
Herstellung von Entwickler- und Bleichflüssigkeit 55
Die Vorbereitung des Aufnahmegegenstands 58
Aufnahme und Entwicklung 59
Betrachtung des Hologramms 63
Fehlerquellen bei der Aufnahme 64
Spiel mit Farben 66
Das Bild entsteht vor der Filmebene 68
Lasertransmissionshologramme 73
Hologramme auf Normalfilm 77

3. Ausblick: Hologrammarten für Fortgeschrittene. Anwendungen.
Andere Hologrammtypen 80
Regenbogenhologramme 80
Holographische Stereogramme 86
Holographie als Hilfsmittel in Wissenschaft und Technik 88
Holographisch-optische Elemente 88
Holographische Dokumentation: im Spacelab dabei 89

Holographische Interferometrie: Werkstoffprüfung und
Fertigungskontrolle 90
Dokumente und Datenspeicher 92
Etwas Zukunftsmusik 93

4. Zum Schluß: ein wenig Theorie
Das Hologramm eines Punktes: die Fresnelsche Zonenplatte . . . 95
Die Zonenplatte als Linse 98
Ein wenig Mathematik zeigt die zahlenmäßigen Zusammenhänge . 102
Hologramm: Überlagerung von Zonenplatten 104
Die Zonenplattenvorstellung erklärt vieles 106

Anhang
Rezepte für Entwickler und Bleichmittel 108
Der Ilford-Film SP673 111
Bücher über die Holographie 113
Stichwörter 115

Der englische, in Ungarn geborene Physiker Dennis Gabor (1900 bis 1979) veröffentlichte 1948 seine Entdeckung des Prinzips der Holographie. 1971 wurde er mit dem Nobelpreis für Physik ausgezeichnet.

1
Die Grundlagen der Holographie

Was Hologramme sind und wie sie erfunden wurden

Es ist manchmal interessanter, Personen zu beobachten, die zum ersten Mal ein Hologramm sehen, als dieses Hologramm selbst zu betrachten. Der Autor betreute vor einiger Zeit eine kleine Ausstellung, auf der auch das holographische Portrait eines jungen Mannes zu sehen war. Dieses hing an der Rückseite einer Stellwand. Die Besucher schauten sich zunächst die auf der Vorderseite aufgehängten Hologramme an. Als sie dann zur Rückseite gingen, beeindruckte das dort hängende Portrait viele Besucher derart, daß sie unwillkürlich nochmals zur anderen Seite zurückgingen, von der sie ja gerade gekommen waren. Sie wollten wohl kontrollieren, ob sich dort wirklich nicht die gezeigte Person befand und durch eine Öffnung in der Stellwand zu ihnen herüberschaute.

Der lebhafte Eindruck, den das Portrait machte, war nur zum Teil auf die räumliche Tiefe des Bildes zurückzuführen. Eine andere Eigenschaft des Hologramms war vielleicht noch verwirrender. Der abgebildete Mann war offensichtlich weitsichtig und trug eine starke Brille, durch deren Gläser man seine Augen wie mit einer Lupe vergrößert sehen konnte. Betrachtete man das Hologramm aber von der Seite, so sah man an den Brillengläsern vorbei jeweils ein Auge in normaler Größe.

Auf den ersten Blick ist es scheinbar unerklärlich, wie ein flaches Bild derartige Eindrücke zu liefern vermag. Wir werden im folgenden sehen, daß es schon einiger tieferer Einblicke in die Natur des Lichts bedarf, das ja letztlich alle optischen Eindrücke übermittelt, um ein gewisses Verständnis für die Prinzipien der Holographie zu erhalten.

Stereoskopisches Sehen

Das räumliche (stereoskopische) Sehen beruht zum großen Teil darauf, daß wir jede Szene sozusagen aus zwei unterschiedlichen Blickpunkten sehen. Aufgrund des Augenabstands sind die von beiden Augen wahrgenommenen Bilder etwas gegeneinander versetzt. Man kann sich davon leicht überzeugen, indem man den ausgestreckten Arm mit nach oben zeigendem Daumen vor sich hält und dann abwechselnd das linke und das rechte Auge schließt. Beim Übergang vom linken zum rechten Auge (und umgekehrt) scheinen alle Gegenstände in bezug auf den Daumen einen Sprung zu machen, der um so größer ist, je weiter der betreffende Gegenstand entfernt ist. Etwas vereinfacht ausgedrückt kann man sagen, daß unser Gehirn die Entfernung des Gegenstands aus diesem Unterschied berechnet.

Natürlich verwendet das Gehirn auch andere Anhaltspunkte, wie z. B. die scheinbare Größe eines Gegenstands, zur Entfernungsbestimmung, aber das entscheidende Hilfsmittel ist wohl doch der eben beschriebene stereoskopische Effekt. Personen, deren Sehvermögen auf einem Auge stark eingeschränkt ist, versuchen unwillkürlich, das zweite Auge dadurch zu ersetzen, daß sie beim Schätzen von Entfernungen den Kopf etwas hin- und herbewegen.

Ein schon lange vor der Erfindung der Holographie entdecktes Verfahren, Bilder mit räumlicher Tiefe herzustellen, besteht darin, jedem Auge ein etwas anderes Bild zu zeigen. Diese Bilder können z. B. mit zwei um den Augenabstand versetzten Kameras aufgenommen werden. Es gibt auch mathematische Verfahren, mit deren Hilfe man entsprechende Bilder geometrischer Objekte konstruieren kann. Um zu erreichen, daß jedes Auge nur das jeweils ihm entsprechende Bild sieht, gibt es unterschiedliche Methoden. Am bekanntesten ist wohl das Verfahren, bei dem das Bild für das rechte Auge grün und das für das linke Auge rot ist. Der Betrachter benötigt dann eine Brille, die aus einem Grünfilter für das rechte Auge und einem Rotfilter für das linke Auge besteht und damit gerade das jeweils passende Bild auswählt.

Die rot-grüne Brille kann auch durch andere optische Hilfsmittel ersetzt werden: Man kann manchmal Postkarten kaufen, die ein scheinbar plastisches Bild zeigen. Fährt man mit einem Fingernagel über die Postkarte, so fühlt man, daß die Oberfläche gerieffelt ist. Diese Riffelung ist auf eine Schicht von Linsen (Fachausdruck: lentikulare Schicht) zurückzuführen, auf deren Funktionsweise wir hier nicht eingehen wollen. Jedenfalls werden auch hier zwei etwas unterschiedliche Bilder, die sich auf der Postkarte befinden, durch diese lentikulare Schicht jeweils für ein Auge sichtbar gemacht, und dadurch wird, wie bei dem eben beschriebenen Verfahren mit der rot-grünen Brille, eine räumliche Wirkung erzielt.

Trotz ihrer Tiefenwirkung unterscheiden sich die so entstandenen Bilder in einem wesentlichen Punkt von holographischen Bildern: Sie verändern sich nicht bei der Veränderung der Blickrichtung. Wäre das oben geschilderte Portrait auf einer Riffelpostkarte (oder mit dem auf den roten und grünen Teilbildern beruhenden Verfahren) aufgenommen gewesen, so hätte sich bei Änderung der Blickrichtung der Kopf einfach mitgedreht. Man würde die Augen des Portraits immer durch die Brillengläser und nie von der Seite sehen.

Dieser entscheidende Unterschied zu herkömmlichen Stereobildverfahren ist einer der Gründe dafür, daß die Holographie von Wissenschaftlern und von Laien nicht nur als eine zusätzliche Methode zur Aufzeichnung räumlicher Bilder betrachtet wird, sondern daß sie mit zu den bedeutendsten Entdeckungen der Kommunikationstechnik gezählt wird.

Die Entdeckung von Dennis Gabor

Das Geburtsjahr der Holographie ist 1948. In diesem Jahr veröffentlichte der aus Ungarn stammende englische Physiker Dennis Gabor eine Arbeit über ein Verfahren, das die Funktionsfähigkeit von Elektronenmikroskopen verbessern sollte. Um die Durchführbarkeit seiner Idee zu demonstrieren, dachte er sich einen optischen Analogversuch aus, bei dem das erste Hologramm entstand. Es war ein winziges, nur wenige Quadratmillimeter großes Filmstück, das die holographische Aufnahme einiger Buchstaben enthielt.

Die besondere Schwierigkeit für Gabor bestand darin, daß er weder über das Aufnahmematerial noch über eine Lichtquelle verfügte, wie sie heute bei fast allen Hologrammaufnahmen verwendet werden. Die Erfindung des Lasers lag zu diesem Zeitpunkt noch mehr als zehn Jahre in der Zukunft. Trotzdem erkannte Gabor die Möglichkeiten, die in der von ihm vorgeschlagenen Aufnahmetechnik lagen. Der Name „Hologramm", den er vorschlug, belegt das. Das Wort leitet sich wie viele wissenschaftliche Begriffe aus dem Griechischen her und heißt soviel wie „ganzheitliche Aufzeichnung". Schon der Name sollte deutlich machen, daß ein Hologramm mehr Informationen über den aufgenommenen Gegenstand enthält als eine herkömmliche Fotografie.

In gewisser Weise war die Holographie ein Fehlschlag; die angestrebte Verbesserung des Elektronenmikroskops gelang nicht. Da wegen des Fehlens geeigneter Lichtquellen auch keine andere Anwendung in Sicht war, blieb die Holographie über ein Jahrzehnt lang das unbeachtete Forschungsgebiet weniger Spezialisten. Das änderte sich schlagartig mit der Erfindung des Lasers im Jahr 1960. Schon bald danach demonstrierten die amerikanischen Wissenschaftler E. Leith und J. Upatnieks die erstaunlichen Möglichkeiten der Holographie mit der Herstellung des ersten Hologramms, das ein dreidimensionales Bild lieferte. Das dabei entstandene Hologramm mußte bei der Betrachtung mit Laserlicht beleuchtet werden (Lasertransmissionshologramm). Gleichzeitig legte unabhängig davon der russische Physiker Y. N. Denisyuk die Grundlagen für die Herstellung von Hologrammen, die zu ihrer Betrachtung nur normales (weißes) Licht benötigten (Weißlichtreflexionshologramme). Das darauffolgende Jahrzehnt war durch intensive Forschungsarbeit gekennzeichnet. Dabei wurde die Basis für die vielfältigen Anwendungen gelegt, die die Holographie heute besitzt. Im Jahr 1971 wurde Dennis Gabor für seine Entdeckung mit dem Nobelpreis für Physik ausgezeichnet.

Die Wellennatur des Lichts

Für das Verständnis der Holographie und insbesondere der schon erwähnten merkwürdigen Eigenschaften von Hologrammen ist es notwendig, sich genauer mit der Natur des Lichts zu beschäftigen.

Seit Beginn des 17. Jahrhunderts diskutierten die Wissenschaftler darüber, auf welche Weise Licht von der Lichtquelle zu einer anderen Stelle, zum Beispiel in das Auge eines Betrachters gelangt. Eine zu dieser Zeit vertretene Annahme war, daß Licht aus einem Strom winziger Teilchen besteht, die von der Lichtquelle ausgehend beim Erreichen des Auges einen Lichteindruck hervorrufen sollten. Die konkurrierende These bestand darin, daß Licht sich von der Lichtquelle aus wie eine Wellenbewegung ausbreitet. Vorbild für diese Vorstellung war eine Wasseroberfläche, auf der sich eine Störung wie das Auf- und Abschaukeln eines Kahns oder die Vorwärtsbewegung eines Schiffs in Form von Wasserwellen über die ganze Wasseroberfläche ausbreitet. Natürlich erwartete niemand die Lichtteilchen oder die Lichtwellen direkt zu sehen. Um eine Entscheidung zwischen beiden Vorstellungen fällen zu können, mußte man also Beobachtungen suchen, die im Einklang mit der einen, aber im Widerspruch zur anderen Vorstellung standen.

Eines der entscheidenden Experimente zum Nachweis der Wellennatur des Lichts wurde von dem französischen Physiker Augustin Fresnel (1788-1827) durchgeführt. Er beobachtete, daß unter bestimmten Bedingungen beim Aufeinandertreffen zweier Lichtkegel auf einer hellen Fläche ein Muster von hellen und dunklen Streifen entstand: Die beiden Lichtkegel verstärkten sich nicht nur, sondern sie löschten sich an bestimmten Stellen gegenseitig aus. Dieses merkwürdige Ergebnis läßt sich mit Hilfe der Vorstellung von Lichtwellen erklären. Jedoch müssen wir zu dieser Erklärung etwas ausholen.

Was passieren kann, wenn zwei Wellen zusammentreffen, zeigt Abb. 1. Trifft Wellenberg auf Wellenberg und Wellental auf Wellental, so ergibt sich eine besonders hohe Welle. Auf Lichtwellen bezogen bedeutet das: Licht + Licht = starkes Licht (das ist kein besonders überraschendes Ergebnis). Trifft aber der Berg der ersten Welle auf das Tal der zweiten Welle und umgekehrt, so ebnen sich beide Wellen ein: Licht + Licht = Dunkelheit (das

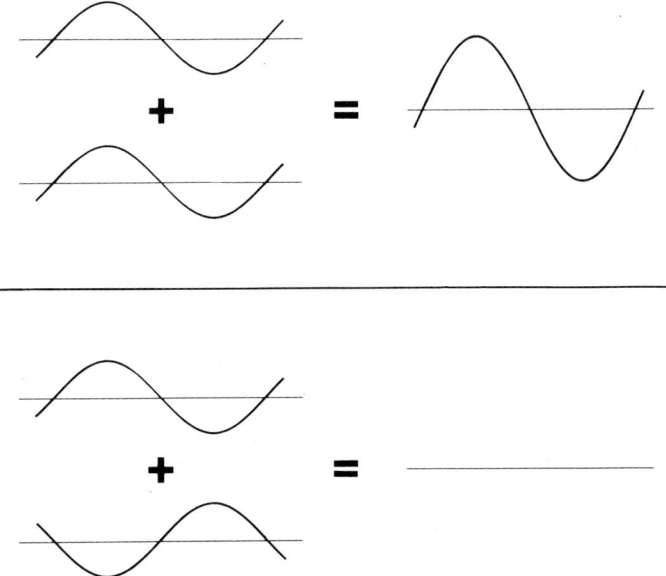

Abbildung 1   Interferenz zweier Wellen: Trifft Wellenberg auf Wellenberg, so verstärken sich die Wellen: Licht + Licht = mehr Licht. Trifft Wellenberg auf Wellental, so ebnen sich die Wellen ein: Licht + Licht = Dunkelheit.

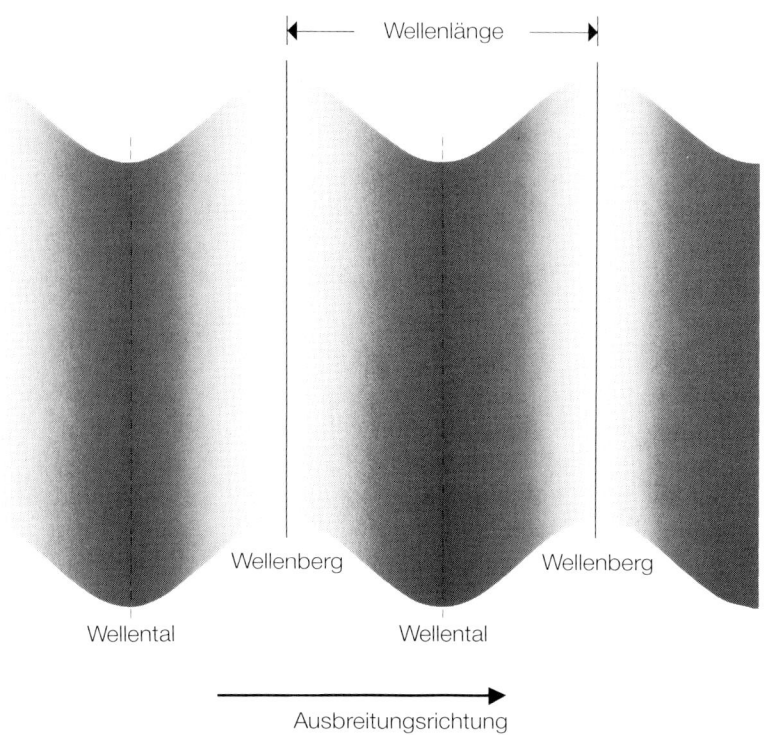
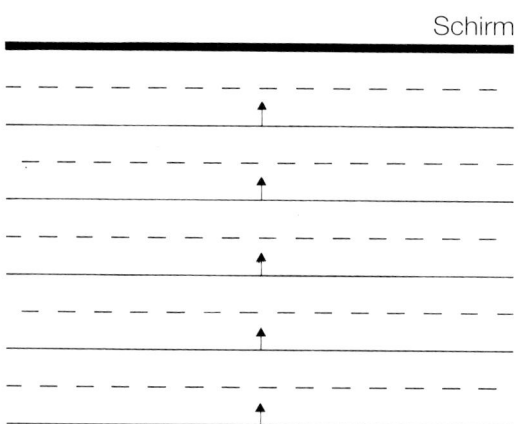

Abbildung 2 Wenn Wellen dargestellt werden, als würde man sie von oben sehen, sind Wellenberge und Wellentäler Linien. Die Welle wandert senkrecht zu diesen Linien in Pfeilrichtung.

ist auf den ersten Blick sicher überraschend). Zwischen diesen beiden Extremfällen gibt es natürlich alle möglichen Zwischenstufen. Diese Erscheinungen beim Zusammentreffen von Wellen nennt man „Interferenz".

Die Darstellung in Abb. 1 reicht für die Erklärung der Beobachtung von Fresnel noch nicht ganz aus. Eine Wellenlinie zeigt nur die Ausbreitung einer Welle in einer Richtung, während Licht sich im allgemeinen im Raum, d. h. in drei Dimensionen ausbreitet. Das kann man in einer Zeichnung kaum wiedergeben. Wir beschränken uns daher in den folgenden Zeichnungen auf die Beschreibung von Wellen, die sich auf einer Fläche ausbreiten. Im folgenden soll eine Darstellung gewählt werden, die man sehen würde, wenn man etwa Brandungswellen von oben anschaut (Abb. 2, oben). Durchgezogene Linien bedeuten dabei Wellenberge, gestrichelte Linien bedeuten Wellentäler. Die Welle breitet sich senkrecht zu diesen Linien in Richtung des eingezeichneten Pfeils aus. Betrachten wir diese Welle als Lichtwelle, so stellt Abb. 2, unten, das senkrechte Auftreffen eines Lichtbündels auf eine Fläche (Schirm) dar.

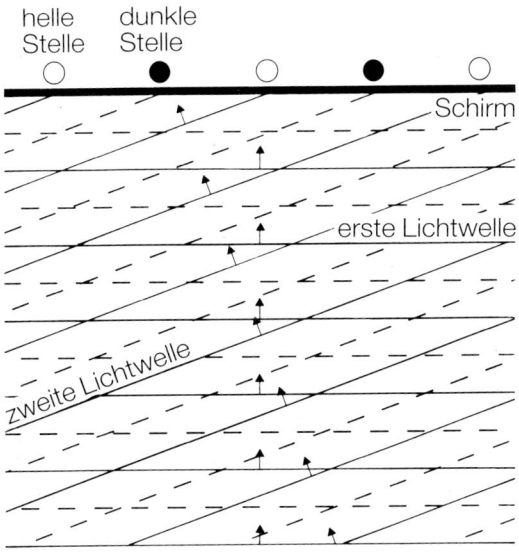

Abbildung 3 Zwei Wellen, die aus unterschiedlichen Richtungen kommen, treffen auf einen Schirm. An den Stellen des Schirms, an denen Wellenberg auf Wellenberg trifft, ist es besonders hell (helle Kreise). Wo Wellenberg auf Wellental trifft, ist es dunkel (ausgefüllte Kreise).

Im Versuch von Fresnel war nun noch ein zweites Lichtbündel beteiligt, das aus einer etwas anderen Richtung auf den Schirm fiel als das erste. Diese Situation stellt Abb. 3 dar. Hier wird ein Zeitpunkt gezeigt, an dem gerade ein Wellenberg des senkrecht auftreffenden Lichtbündels den Schirm erreicht hat. An den Stellen, an denen die Wellenberge (durchgezogene Linien) des schräg auffallenden Bündels auf den Schirm treffen, kommen nun die Wellenberge beider Bündel zusammen. Dort verstärken sich die Wellen, was durch die kleinen weißen Kreise beschrieben werden soll, die große Helligkeit anzeigen. Dazwischen treffen jeweils die Wellentäler

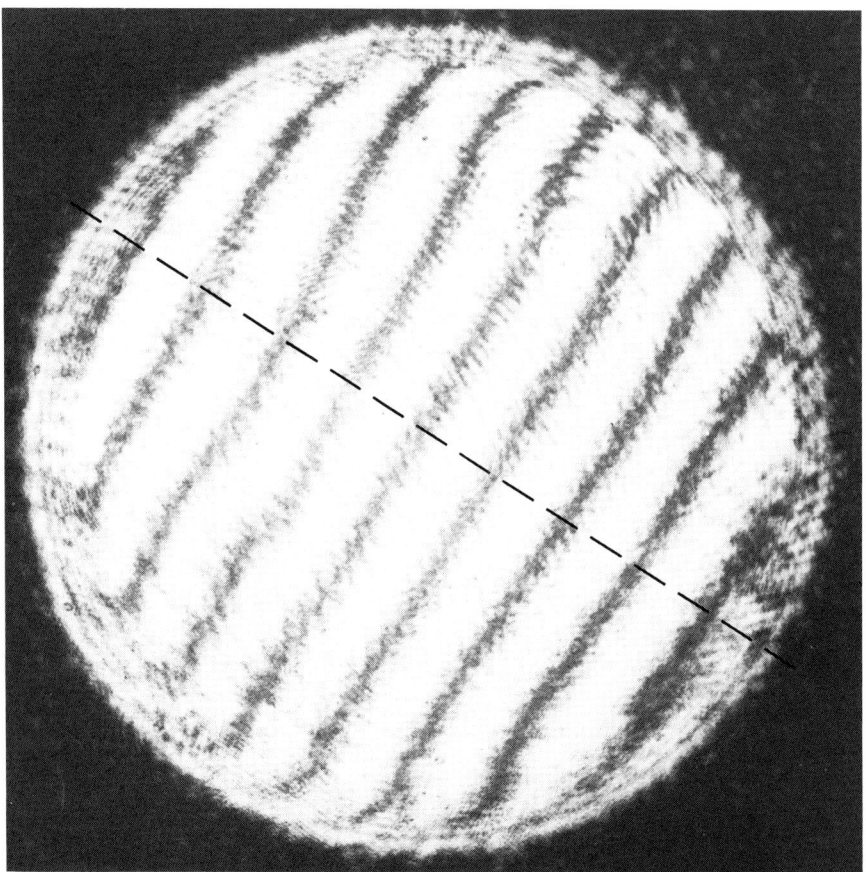

Abbildung 4   Aufnahme eines Interferenzmusters, das beim Zusammentreffen zweier schräg zueinander verlaufender Wellen auf einem kreisrunden Schirm entstand. Die Abb. 3 entspricht einem Schnitt längs der gestrichelten Linie (Foto: Spindler & Hoyer).

(gestrichelte Linien) des schräg einfallenden Bündels auf den Schirm und damit auf den Wellenberg des senkrechten Bündels. Berg und Tal ebnen sich an diesen Stellen ein. Das ist jeweils durch die ausgefüllten Kreise gekennzeichnet, die Dunkelheit anzeigen sollen.

Die Aufeinanderfolge von hellen und dunklen Stellen, wie sie durch die unausgefüllten und ausgefüllten Kreise in Abb. 3 angedeutet wird, wurde von Fresnel tatsächlich beobachtet. Man muß jedoch beachten, daß in Abb. 3 nur eine Schnittzeichnung der Situation wiedergegeben ist. Das Interferenzmuster, das Fresnel sah, entspricht dem in Abb. 4 gezeigten Bild.

An dieser Stelle tritt die Frage auf, warum sich die hier geschilderten hellen und dunklen Bereiche nicht mit der Welle weiterbewegen. Schließlich stellt die Abb. 3 nur eine Momentaufnahme dar. Stellen wir uns die Situation einmal zu einem etwas späteren Zeitpunkt vor, so daß anstelle der Wellenberge jetzt Wellentäler getreten sind und umgekehrt. Da das für beide Wellen gilt, sind die Stellen, an denen Berg auf Tal trifft, gleichgeblieben. An den Stellen, an denen vorher Berg auf Berg traf, trifft jetzt Tal auf Tal. Könnte man die Bewegung der Lichtwellen beobachten, so würde man Stellen sehen, die immer in Ruhe sind und andere, an denen die Bewegung besonders stark ist. Das ganze ähnelt der Bewegung eines Seils, das man an einem Ende fest anbindet und am anderen im richtigen Takt auf- und abbewegt. Auch hier findet man Seilstellen, die immer in Ruhe sind (Knoten) und Stellen, die sich besonders stark bewegen (Bäuche).

Mehr Wissenswertes über Lichtwellen

Als Fresnel mit seinem Experiment die Existenz von Lichtwellen nachwies, hatten weder er noch sonst jemand eine Ahnung, um was für eine Art von Wellenvorgang es sich bei der Lichtausbreitung handelte. Erst in der zweiten Hälfte des 19. Jahrhunderts fand man heraus, daß Lichtwellen eine spezielle Art von „elektromagnetischen" Wellen sind.

Wir wollen hier nicht beschreiben, was elektromagnetische Wellen sind. Das würde uns zu weit vom eigentlichen Thema wegführen. Man sollte sich aber auf keinen Fall vorstellen, daß sich Lichtstrahlen in Wellenlinien durch die Gegend schlängeln. Am ehesten kann man sich die Wellenbewegung noch klarmachen, wenn man sich einen möglichst leichten, elektrisch geladenen Körper (etwa ein durch Reibung aufgeladenes Stückchen

Kunststofffolie) vorstellt. Dieser Körper würde, wenn er leicht genug wäre, durch eine elektromagnetische Welle zu Schwingungen angeregt werden, ähnlich wie ein Korken, der sich aufgrund von Wasserwellen auf einer Wasseroberfläche auf- und abbewegt. Und wie beim Korken würde auch beim elektrisch geladenen Körper diese Schwingungsbewegung senkrecht zur Ausbreitungsrichtung der Wellen erfolgen.

Weil Wasserwellen nur in senkrechter Richtung schwingen können, bewegt sich der Korken auch nur auf und ab. Elektromagnetische Wellen haben hier mehr Freiheit. Als Schwingungsrichtung kommt jede Richtung in Frage, die senkrecht zur Ausbreitungsrichtung liegt. Wenn stets ein und dieselbe Schwingungsrichtung beibehalten wird, nennt man die Welle (linear) polarisiert, und die Schwingungsrichtung heißt Polarisationsrichtung.

Wenn nun jemand versuchen wollte, durch Beobachtung der Schwingungen eines Stückchens geriebener Kunststofffolie die Polarisationsrichtung des Lichts seiner Wohnzimmerlampe zu bestimmen, so würde er feststellen, daß das beschriebene Experiment in der Realität nicht durchgeführt werden kann. Das liegt im wesentlichen an der ungeheuer hohen Schwingungszahl der Lichtwellen. Diese liegt bei 600 Billionen (das ist eine 6 mit 14 Nullen) Schwingungen pro Sekunde. Jedes noch so feine Kunststoffschnipselchen ist viel zu träge, einen solch rasanten Tanz mitzumachen. Erst Körper in atomarer Größenordnung (Elektronen) können hier mithalten.

Viel interessanter als die Schwingungszahl ist für unsere weiteren Überlegungen die Wellenlänge des Lichts. Unter der Wellenlänge versteht man die Entfernung von einem Wellenberg zum nächsten. Die Wellenlänge für Licht beträgt nur wenige 1/10.000 mm. Um nicht immer mit Bruchzahlen operieren zu müssen, verwendet man zur Angabe von Lichtwellenlänge häufig die Längeneinheit Nanometer (Abkürzung nm). Eine Million Nanometer sind ein Millimeter. In Zahlen ausgedrückt bedeutet das

1.000.000 nm = 1 mm bzw. 100 nm = 1/10.000 mm.

Nun kann man aber nicht von *der* Lichtwellenlänge reden. Man hat herausgefunden, daß verschiedene Farben verschiedenen Wellenlängen entsprechen: Rotes Licht hat Wellenlängen von 600 nm bis 800 nm (6/10.000 mm bis 8/10.000 mm). Grünes Licht hat Wellenlängen um 500 nm (5/10.000 mm), violettes Licht eine solche um 400 nm (4/10.000 mm). „Licht" mit Wellenlängen oberhalb 800 nm nennt man „infrarot", Licht mit Wellenlängen unterhalb 400 nm nennt man „ultraviolett". Diese Lichtsorten sind für Menschen nicht mehr sichtbar, man kann sie nur durch spezielle Meßgeräte nachweisen. Biologen haben allerdings Anzeichen dafür gefunden, daß bestimmte Tierarten (z. B. Bienen) ultraviolettes Licht sehen können.

Lichtquellen, wie die Sonne oder Glühlampen, senden ein Gemisch aller möglichen Wellenlängen, d. h. Farben aus. Ein derartiges Gemisch von Farben empfinden wir als weißes Licht. Aber selbst wenn uns Licht einfarbig grün oder rot erscheint, wie etwa das Licht einer Verkehrsampel, enthält es normalerweise noch mehrere, wenn auch nur wenig unterschiedliche Wellenlängen.

Kohärenz: der Gleichtakt von Lichtwellen

Vielleicht haben Sie sich nach der Lektüre des letzten Kapitels schon gefragt, warum Sie bisher immer die nach den Fresnelschen Beobachtungen eigentlich zu erwartenden Streifenmuster übersehen haben, die bei der gleichzeitigen Beleuchtung eines Raums durch zwei oder mehrere Lampen eigentlich zu sehen sein müßten. Sie haben nichts übersehen, die Streifenmuster der Lampen existieren gar nicht. Das hat zwei Gründe: Erstens bestehen die Glühfäden normaler Lampen gewissermaßen aus vielen einzelnen Lichtpunkten, die unabhängig voneinander Lichtwellen aussenden. Nun stellen Sie sich vor, daß jeder Lichtpunkt mit jedem anderen Lichtpunkt ein Streifenmuster erzeugt: Die Überlagerung all dieser vielen Streifenmuster würde einfach wieder ein gleichmäßig ausgeleuchtetes Feld ergeben.

Aber selbst wenn Sie durch Anbringen entsprechender Blenden von jeder Lichtquelle nur noch einen winzigen leuchtenden Punkt übriglassen würden, ergäbe sich beim Zusammentreffen der beiden Lichtbündel kein beobachtbares Streifenmuster. Um das zu verstehen, blättern Sie bitte nochmals zur Erklärung von Abb. 3 zurück. Es wurde dort betont, daß die eingezeichnete Hell-/Dunkelverteilung nur deswegen immer an derselben Stelle bleibt (und damit beobachtbar ist), weil an der betrachteten Stelle bei beiden(!) Lichtbündeln jeweils gleichzeitig auf einen Wellenberg ein Wellental folgt und umgekehrt. Das funktioniert aber nur, wenn beide Lichtwellen in absolut gleichem Takt schwingen. Und diese Voraussetzung kann schon dann nicht erfüllt sein, wenn beide Lichtquellen Licht verschiedener Farbe (also z. B. weißes Licht) aussenden. Denn wie wir gesehen haben, entsprechen verschiedene Farben unterschiedlichen Wellenlängen, und zwei Wellen mit unterschiedlichen Wellenlängen können nie im gleichen Takt bleiben. Selbst bei der Verwendung von Farbfiltern ist es nicht zu erreichen, daß die Wellen unterschiedlicher Lichtquellen hinreichend gut im Takt schwingen, um ein dauerhaftes Streifenmuster hervorzubringen. (Das gilt sogar für die noch zu besprechenden Laser.)

Um trotz dieser Schwierigkeiten sein Interferenzexperiment durchführen zu können, wandte Fresnel einen Trick an, der im Prinzip auch heute noch gebraucht werden muß, um zwei im Gleichtakt schwingende Lichtquellen zur Verfügung zu haben. Er benutzte einfach eine normale Lichtquelle und ihr Spiegelbild. (Tatsächlich verwendete er zwei Spiegelbilder, da wegen der zu seinen Lebzeiten schlechten Spiegelqualität der Helligkeitsunterschied zwischen der Lichtquelle und ihrem Spiegelbild zu groß gewesen wäre.)

Gleichzeitig mußte er darauf achten, daß der Wegunterschied für die gespiegelte Welle und die direkt von der Lichtquelle kommende Welle nicht zu groß war. Der Wegunterschied wäre belanglos, wenn die von der Quelle ausgestrahlte Lichtwelle immer im absoluten Gleichtakt schwingen würde. In Wirklichkeit werden aber immer nur Wellenzüge einer beschränkten Länge emittiert. Danach bricht die Ausstrahlung ab, und es beginnt ein neuer Wellenzug. Das bedeutet aber auch, daß jedesmal der Gleichtakt unterbrochen wäre. Ein Maß für die Länge eines Wellenzugs ist die „Kohärenzlänge".

Die Bedeutung dieses Begriffs kann man sich folgendermaßen klarmachen: Angenommen, die Kohärenzlänge einer Welle beträgt 50 Wellenlängen. Wenn man z. B. von einem beliebigen Wellenberg 20 Wellenlängen in (oder gegen die) Ausbreitungsrichtung der Wellen weitergeht, trifft man (normalerweise) wieder auf einen Wellenberg. Wenn man aber 60 Wellenlängen, also eine Strecke, die größer als die Kohärenzlänge ist, weitergeht, kann man sich nicht mehr darauf verlassen, auf einen Wellenberg zu treffen. Es kann genausogut ein Wellental oder irgendeine Stelle zwischen Berg und Tal sein. Das gerade benutzte Wort „normalerweise" soll andeuten, daß die Kohärenzlänge ein statistischer Begriff ist, der als Durchschnittswert bei der Beobachtung einer großen Zahl von Wellenzügen verstanden werden muß.

Wenn also der Wegunterschied zwischen gespiegelter und direkter Welle größer als die Kohärenzlänge ist, besteht zwischen den Schwingungen beider Wellen keine feste Taktbeziehung, und es kann sich daher kein dauerhaftes Interferenzmuster ausbilden.

Man sollte sich von dem vielleicht etwas kompliziert erscheinenden Begriff der Kohärenzlänge nicht verwirren lassen. In den Überlegungen der vorausgegangenen Kapitel sind wir immer vom Idealfall einer Lichtquelle ausgegangen, die im völligen Gleichtakt einen beliebig langen gleichmäßigen Wellenzug aussendet. Die Angabe der Kohärenzlänge zeigt, inwieweit eine reale Lichtquelle dieser Idealvorstellung nahe kommt.

Der Laser: eine fast ideale Lichtquelle

Wir werden im nächsten Kapitel sehen, daß die Aufnahme eines Hologramms eigentlich nichts anderes ist als eine komplizierte Version des Fresnelschen Interferenzexperiments. Daher ist es wichtig, mit einer möglichst idealen Lichtquelle, d. h. mit einer Lichtquelle großer Kohärenzlänge zu arbeiten. Eine fast ideale Lichtquelle ist der Laser. Während die Kohärenzlängen herkömmlicher Lichtwellen nur Bruchteile von Millimetern betragen, ist bei Lasern eine Kohärenzlänge von einigen Dezimetern nicht ungewöhnlich. (Durch besondere Vorkehrungen ist es sogar möglich, Kohärenzlängen im Bereich mehrerer Kilometer zu erhalten.)

Zunächst einmal sollte man wissen, daß es *den* Laser gar nicht gibt. Laser sind potentielle Abwehrwaffen für Interkontinentalraketen, oder sie sind Werkzeugmaschinen, die zentimeterdicke Stahlplatten schneiden können. Laser sind aber auch Bestandteile von CD-Plattenspielern und von Registrierkassen. Kurz gesagt: Das Wort Laser kennzeichnet eigentlich kein Gerät, sondern ein physikalisches Prinzip, obwohl auch das Gerät normalerweise als Laser bezeichnet wird. Der Begriff Laser entstand aus den Anfangsbuchstaben des englischsprachigen Begriffs „Light Amplification by Stimulated Emission of Radiation". Zu deutsch: Lichtverstärkung durch stimulierte (d. h. angeregte) Strahlungsaussendung.

Dieses Prinzip wurde im Jahr 1960 entdeckt und seitdem auf hunderte von verschiedenen Arten realisiert: Es gibt Gaslaser, Festkörperlaser, Farbstofflaser, Metalldampflaser, Halbleiterlaser und Excimerlaser. Es gibt Laser für alle sichtbaren Farben, für ultraviolettes und für infrarotes „Licht". Es gibt Laser für Impulsbetrieb (d. h. Laser, die nur kurze Lichtblitze erzeugen) und für Dauerbetrieb. Aber all diese Laser haben eine Gemeinsamkeit: Sie haben eine große Kohärenzlänge, und ihre Strahlung verhält sich so, als ob sie von einem einzigen Punkt ausgehen würde. Und das bedeutet, daß das Laserlicht auch wieder auf einen Punkt konzentriert werden kann.

Wir wollen uns nicht um die Funktionsweise von Lasern kümmern. Laser sind für uns „Werkzeuge" zur Herstellung von Hologrammen. Um mit einer Bohrmaschine umgehen zu können, muß man auch nicht wissen, wie ein Elektromotor funktioniert.

Längst nicht alle Laser sind zur Herstellung von Hologrammen geeignet; und viele der geeigneten Laser sind für den normalen Hobbyholographen zu teuer. Glücklicherweise eignet sich einer der preiswertesten Lasertypen hervorragend zur Holographie: Es ist der He-Ne(Helium-Neon)-Laser. Der He-Ne-Laser ist ein Gaslaser, der üblicherweise hellrotes Licht mit einer Wellenlänge von 632,8 nm emittiert. Neuerdings gibt es auch He-Ne-Laser mit grünem oder gelbem Licht; um diese Varianten werden wir uns allerdings nicht weiter kümmern. Wenn wir im folgenden von Lasern sprechen, ist der He-Ne-Laser mit rotem Licht gemeint.

Laserlicht ist im allgemeinen polarisiert. Werden jedoch keine besonderen Vorkehrungen getroffen, so kann es passieren, daß die Polarisationsrichtung während des Betriebs des Lasers plötzlich wechselt. Da die Polarisationsrichtung in einem derartigen Fall nicht vorausgesagt werden kann, nennt man solche Laser „zufallspolarisiert" (englischer Begriff: random polarization). Wir werden im Abschnitt über die Hologrammherstellung sehen, daß sich solche Laser für die Holographie nicht besonders gut eignen. Durch eine spezielle Zusatzeinrichtung, die bei der Herstellung des Lasers eingebaut wird, kann man aber erreichen, daß ein Laser seine Polarisationsrichtung immer beibehält. Derartige Laser werden als „linear polarisiert" bezeichnet. Die Angabe über die Polarisationsart ist im Datenblatt des jeweiligen Lasers zu finden.

Eine für die Holographie besonders wichtige Eigenschaft eines Lasers ist die Helligkeit des von ihm ausgehenden Lichts. Ein Maß für diese Helligkeit ist die in Laserlicht umgesetzte Leistung, die in Watt bzw. Milliwatt angegeben wird. Ein Milliwatt (mW) ist ein tausendstel Watt. Die in den später besprochenen Aufnahmeanordnungen verwendeten Laser haben Ausgangsleistungen zwischen 1 mW und 5 mW. Dabei liegt die Kohärenzlänge eines 5-mW-Lasers bei etwa 15 cm; für den 1-mW-Laser ist sie etwa doppelt so groß. (Aus physikalischen Gründen steigt mit länger werdender Laserröhre die Leistung an, während gleichzeitig die Kohärenzlänge die Tendenz hat, kleiner zu werden.)

Ein Laser mit einer Leistung von 1 mW scheint nicht zu gefährlich zu sein, wenn man bedenkt, daß die Leistung einer 60-W-Glühbirne 60000 mal so groß ist. Aber zum einen wird die Leistung einer Glühlampe nur teilweise als sichtbares Licht abgegeben, zum anderen strahlt die Glühlampe Licht in alle Raumrichtungen ab, während das Licht eines He-Ne-Lasers von einigen mW Leistung in einem dünnen Strahl mit einem Durchmesser von etwa 3/4 mm konzentriert ist. Eine einfache Rechnung zeigt, daß bei einem direkten Blick in diesen Strahl die Helligkeit größer ist als bei einem Blick in die Sonne. Zudem kann die Augenlinse den Laserstrahl auf der Netzhaut

Abbildung 5   Helium-Neon-Laserröhre: Moderne Fertigungsverfahren erlauben es, He-Ne-Laserröhren in Kugelschreibergröße herzustellen. Auch mit solchen Lasern ist die Aufnahme von (kleinen) Hologrammen möglich. (Foto: Siemens AG)

(das ist die lichtempfindliche Schicht des Auges) noch stärker konzentrieren als das Sonnenlicht. Sorgfalt ist daher insbesondere während der Justierarbeiten bei der Vorbereitung von Hologrammaufnahmen angebracht. Hier muß man sich nicht nur vor dem unaufgeweiteten Strahl, sondern auch vor eventuellen Reflexen vorsehen.

Von der amerikanischen Behörde BRH (Bureau of Radiological Health) sind Laser in Gefahrenklassen aufgeteilt worden. Die in diesem Buch zur Verwendung vorgeschlagenen Laser entsprechen (dem unteren Bereich) der Gefahrenklasse IIIb. Das besagt, daß der direkte Blick in den unaufgeweiteten Strahl Schädigungen des Auges nach sich ziehen kann.

Sie sehen, daß beim Umgang mit Lasern Vorsicht angebracht ist. Das sollte Sie andererseits nicht davon abhalten, sich aktiv mit der Holographie zu beschäftigen. Auch der unsachgemäße Gebrauch eines Fernglases birgt große Gefahren für die Augen in sich. Ein Blick mit einem normalen 8×30-Fernglas in die Mittagssonne belastet das Auge um ein Vielfaches stärker als der Blick in den Strahl eines 5-mW-Lasers. Trotzdem kaufen viele Leute Ferngläser. Letztlich ist bei Ferngläsern, Lasern (und anderen Geräten) ein sachgemäßer Gebrauch und die Kenntnis möglicher Gefahren der wirksamste Schutz vor Unfällen.

Ein Hologramm entsteht

Wir haben in den vorausgegangenen Kapiteln die Grundlagen der Vorgänge kennengelernt, die bei der Aufnahme von Hologrammen die entscheidende Rolle spielen. Jetzt wollen wir das Entstehen eines Hologramms im Detail betrachten. Wie eine solche Aufnahme durchgeführt wird, zeigt die Skizze in Abb. 6.

Um ein größeres Objekt ausleuchten zu können, wird der Laserstrahl zunächst durch eine Linse zu einem Lichtbündel aufgeweitet. Dieses Bündel wird durch einen „Strahlteiler" in zwei Teile aufgespalten. (Als Strahlteiler kann im Prinzip eine Glasscheibe verwendet werden, da Glas einen Teil des auffallenden Lichts durchläßt, den anderen Teil aber reflektiert.) Das reflektierte Bündel fällt dann direkt auf eine Fotoplatte oder ein Filmstück. Das durchgelassene Bündel beleuchtet den abzubildenden Gegenstand und wird von diesem (wenigstens teilweise) zur Fotoplatte reflektiert, wo es mit dem anderen Bündel zusammentrifft. Durch das Zusammentreffen dieser Lichtbündel entsteht auf der Fotoplatte das Hologramm des einge-

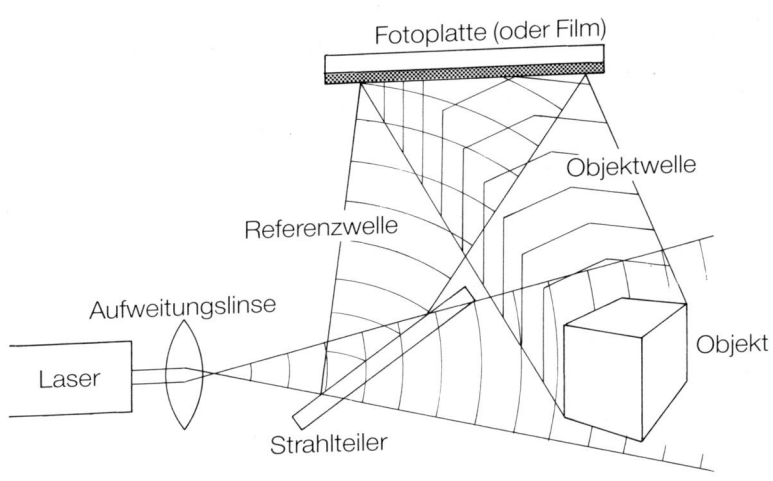

Abbildung 6 Aufnahme eines Transmissionshologramms: Der Laserstrahl wird aufgeweitet und vom Strahlteiler in Referenz- und Objektstrahl aufgeteilt. Der Referenzstrahl und das vom Objekt reflektierte Licht treffen zusammen auf die Fotoplatte. Für jede Hologrammaufnahme ist das Zusammentreffen mehrerer Lichtstrahlen auf dem Fotomaterial typisch.

zeichneten Gegenstands. Das vom Strahlteiler direkt zur Fotoplatte reflektierte Teilbündel wird „Referenzwelle" oder „Referenzstrahl" genannt. Das andere Bündel, das die Fotoplatte auf dem Umweg über das Objekt erreicht, wird als „Objektwelle" oder „Objektstrahl" bezeichnet.

Vielleicht ist es Ihnen nicht sofort aufgefallen: Wenn wir das Objekt durch einen Spiegel ersetzen würden, oder anders ausgedrückt, wenn wir als Objekt einen Spiegel verwenden würden, hätten wir im wesentlichen den bereits beschriebenen Versuchsaufbau von Fresnel vor uns. Natürlich hatte Fresnel als Lichtquelle keinen Laser zur Verfügung, und anstelle einer Fotoplatte (die zu seinen Lebzeiten auch noch nicht erfunden war) verwendete er einen Beobachtungsschirm aus irgendeinem hellen Material. Aber etwas überspitzt könnte man sagen, daß Fresnel bei seinem Experiment die Entstehung des Hologramms eines Spiegels bzw. der darin reflektierten Lichtquelle beobachtete. Da er das Hologramm nicht auf Film festhalten konnte, war er später auch nicht in der Lage, das Bild der gespiegelten Lichtquelle zu rekonstruieren. Auch an eine Ersetzung des Spiegels durch einen anderen Gegenstand konnte er nicht denken. Trotzdem bleibt festzuhalten, daß das Verständnis des Fresnelschen Versuchs auf direktem Weg zum Verständnis der Entstehung des Hologramms eines beliebigen Objekts führt.

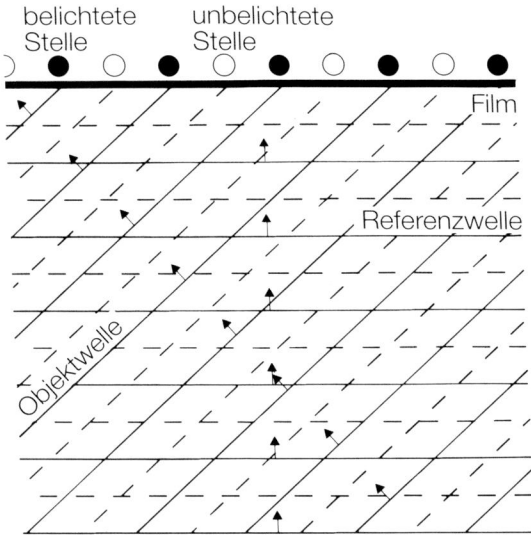

Abbildung 7 Momentaufnahme des Zusammentreffens der Referenz- und der Objektwelle auf dem Film. Ein Berg der Referenzwelle hat gerade die Filmebene erreicht. Wo in der Filmebene Wellenberg auf Wellenberg trifft, wird der Film stark belichtet (dunkle Punkte). Wo Wellental auf Wellenberg trifft, bleibt der Film unbelichtet (helle Punkte). Da die Wellenlinien der Objektwellen steil auf die Filmebene treffen, liegen die hellen und dunklen Punkte nahe beieinander.

Die von dem Gegenstand in Abb. 6 zur Fotoplatte reflektierte Objektwelle hat natürlich keine derart regelmäßige Struktur wie eine von einem Spiegel reflektierte Welle. Die Wellenfronten werden von der Oberfläche des Gegenstands mehr oder weniger „verbogen". Das bedeutet, daß sich der Auftreffwinkel der Objektwelle auf der Fotoplatte von Punkt zu Punkt ändert. Es gibt Stellen, an denen die Fronten der Objektwelle steil auftreffen, an anderen Stellen treffen sie flach auf. Zwei unterschiedliche Situationen sind in den Abb. 7 und 8 dargestellt und sollen jetzt erläutert werden.

Zur Vereinfachung der folgenden Betrachtungen wurde außerdem angenommen, daß die Berge und Täler der Referenzwelle parallel zur Fotoplatte verlaufen, oder, was dasselbe bedeutet, daß die Referenzwelle senkrecht auf die Fotoplatte auftrifft. Außerdem wählen wir einen Zeitpunkt aus, an dem gerade ein Berg der Referenzwelle die Fotoplatte (bzw. den Film) erreicht hat.

Jetzt müssen wir einfach die Überlegungen wiederholen, die wir bereits im Fresnelschen Interferenzversuch angestellt haben: Es gibt Stellen auf

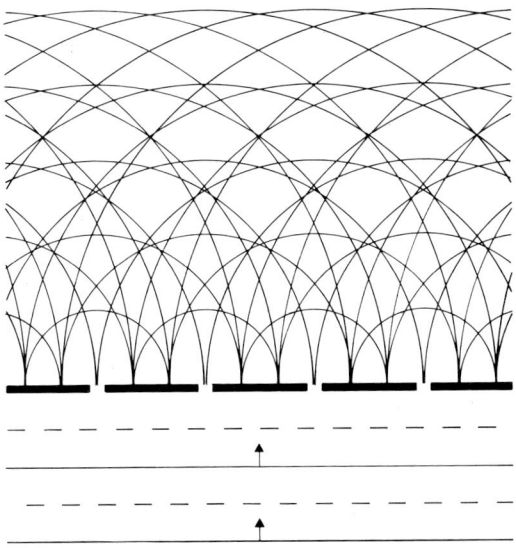

Abbildung 10 Wenn Kreiswellen von mehreren nebeneinanderliegenden Öffnungen ausgehen, entsteht kein „Wellensalat", sondern die Wellenfronten nebeneinanderliegender Kreiswellensysteme schließen sich zusammen.

Dasselbe kann man beobachten, wenn man Wasser an einer eng begrenzten Stelle auf andere Weise zur Auf- und Abbewegung zwingt, z. B. indem man einen Finger in gleichmäßigem Takt in eine ruhige Wasserfläche taucht.

Trifft also Licht auf eine sehr feine Öffnung, so wird nicht etwa ein feiner Lichtstrahl ausgeblendet; das Licht verteilt sich vielmehr hinter der Öffnung in alle Richtungen. Das entspricht nicht der täglichen Erfahrung, da man selten Öffnungen von weniger als 1/1000 mm beobachtet. Werden mehrere nebeneinanderliegende Öffnungen gleichzeitig mit Licht bestrahlt, so entstehen mehrere Systeme von Kreiswellen. In Abb. 10 ist ein derartiger Fall gezeigt. In dem Gewirr schließen sich Wellenberge und -täler nebeneinanderverlaufender Kreiswellen zusammen. Das kann auf mehrere Arten geschehen. Der Zusammenschluß von Wellen mit gleichem Radius ergibt Wellenfronten, die parallel zu den ankommenden Fronten verlaufen. Die Einbuchtungen, die in der Nähe der Öffnungen in den Fronten zu sehen sind, verlieren sich in größerer Entfernung zusehends. Da diese Wellen einfach in dieselbe Richtung verlaufen wie die ankommende Beleuchtungswelle, sind sie für die Holographie nicht weiter interessant. Es ergeben sich aber noch andere Möglichkeiten: Verbindet man Fronten benachbarter

Kreiswellen, die von Öffnung zu Öffnung jeweils um einen Takt früher (oder später) entstanden sind, so erhält man schräg verlaufende Wellenberge und -täler, wie es in den Abbildungen 11 und 12 gezeigt ist. Dabei ist zu sehen, daß die neuen Wellenfronten einen um so flacheren Winkel gegenüber den ursprünglichen Fronten einschließen, je weiter die Öffnungen, an denen die Kreiswellen entstehen, voneinander entfernt sind.

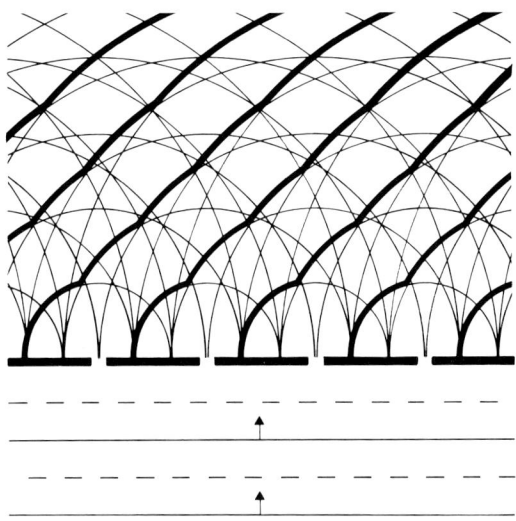

Abbildung 11   Der Zusammenschluß der Wellenberge und -täler geschieht gleichzeitig auf mehrere Arten. Unter anderem entstehen schräg nach außen verlaufende Fronten. Man kann sich vorstellen, daß die Einbuchtungen um so mehr verschwinden, je weiter die Wellenfronten von den Öffnungen entfernt sind. Enge Öffnungen verursachen Wellenlinien, die steil zur Ebene der Öffnungen („Filmebene") verlaufen.

Nun kommt der entscheidende Punkt: Wie wir uns im vorigen Kapitel überlegt haben, entstehen bei der Hologrammaufnahme durch flach auftreffende Teile der Gegenstandswellenfront weit voneinander entfernte „Öffnungen" (lichtdurchlässige Stellen) im Film; diese erzeugen bei der Hologrammwiedergabe wieder flache Wellenfrontteile (Abb. 12). Steil verlaufende Teile der Gegenstandswelle ergeben dagegen eng liegende „Öffnungen", die bei der Wiedergabe wieder steil verlaufende Wellenfrontteile erzeugen (Abb. 11). Aus all diesen Teilen zusammen entsteht also ein Duplikat der ursprünglichen Gegenstandswelle. Da aber alle visuellen Informationen über einen Gegenstand durch die Gegenstandswelle übertragen der Fotoplatte, an denen Wellenberge von Referenz- und Objektwelle zusammentreffen. Das Fotomaterial wird hier besonders stark belichtet (dunkle Kreise). An anderen Stellen treffen die gestrichelt gezeichneten Täler der Objektwelle auf den gerade an der Platte angekommenen Berg der Referenzwelle. Berg und Tal ebnen sich ein, und die Fotoplatte wird dort nicht belichtet (helle Kreise).

Auf den ersten Blick erscheint in beiden Situationen dasselbe zu passieren. Bei genauerem Hinsehen wird jedoch deutlich, daß die Abstände zwischen den belichteten und den unbelichteten Stellen klein sind, wenn die Objektwellenfronten steil auf die Platte auffallen (Abb. 7). Ein flaches Auftreffen erzeugt dagegen große Abstände (Abb. 8).

Das bedeutet, daß auf der Fotoplatte die Form der Objektwelle durch den Abstand der belichteten und unbelichteten Stellen „gespeichert" ist. Nach der Entwicklung werden die belichteten Stellen undurchsichtig und die unbelichteten Stellen durchsichtig. (Wir werden am Ende des nächsten Kapitels sehen, daß auch eine Positiventwicklung des Hologramms möglich ist.)

Man sollte sich merken, daß für die Speicherung der Objektwellenform das Zusammentreffen von zwei Wellen notwendig ist, denn nur so können die Auslöschungen und Verstärkungen und damit die durchsichtigen und undurchsichtigen Stellen im Film entstehen.

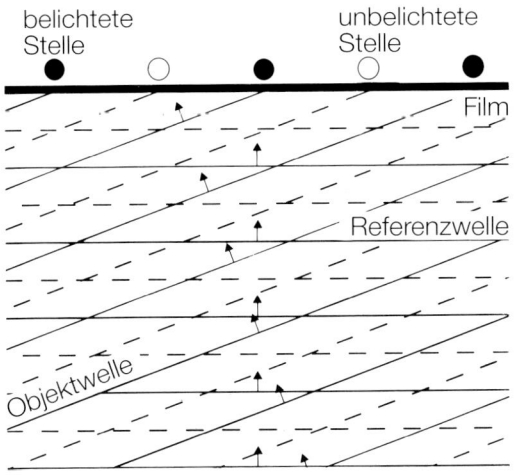

Abbildung 8   Hier ist eine ähnliche Situation wie in Abb. 7 dargestellt. Aber hier treffen die Wellenlinien der Objektwelle flach auf die Filmebene. Das führt dazu, daß die stark belichteten und unbelichteten Stellen auf dem Film einen großen Abstand voneinander haben.

Was bei der Hologrammwiedergabe geschieht

Die Erkenntnis, daß ein Hologramm nach der Entwicklung aus mehr oder weniger dicht nebeneinanderliegenden durchsichtigen und undurchsichtigen Linien besteht, ist erst der halbe Weg zum Verständnis der Dreidimensionalität eines holographischen Bildes. Die zweite Hälfte des Wegs besteht darin, zu verstehen, was mit dem Licht passiert, das bei der Beleuchtung eines fertigen Hologramms von einem im Raum schwebenden, aber nicht greifbaren Gegenstand auszugehen scheint. Anstatt gleich zu überlegen, welche Wirkung ein Muster von feinen Linien auf eine Lichtwelle hat, soll zunächst eine Welle betrachtet werden, die auf eine einzelne feine Öffnung trifft. „Fein" heißt in diesem Zusammenhang, daß die Öffnung nicht viel größer als die Wellenlänge sein darf; bei Lichtwellen ist das 6/10.000 mm (600 nm).

Auch hier hilft die Vorstellung von Wasserwellen weiter. Treffen Wellen immer im gleichen Takt auf eine Mauer mit einer engen Öffnung, so wird das Wasser in dieser Öffnung im Takt der Wellen auf und ab bewegt. Von einer solchen Stelle gehen erfahrungsgemäß Kreiswellen aus (Abb. 9).

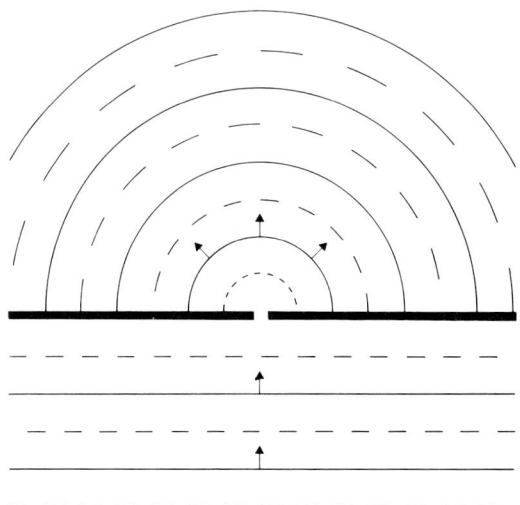

Abbildung 9   Wellen treffen im gleichmäßigen Takt auf eine feine Öffnung. Dahinter breiten sich die Wellen kreisförmig aus. Stellt man sich Wasserwellen vor, die auf eine Mauer treffen, so führt dies zu einer gleichmäßigen Auf- und Abbewegung des Wassers in der Öffnung. Bewegt man an einer Stelle das Wasser aber z. B. mit einem Stock auf und ab, so gehen von dieser Stelle ebenfalls Kreiswellen aus.

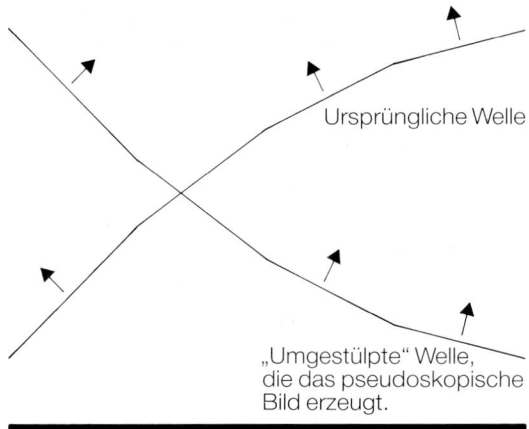

Abbildung 14 Der Zusammenschluß aller „falschen" Wellenfrontabschnitte ergibt eine Wellenfront, die gegenüber der ursprünglichen Wellenfront umgestülpt ist. Die umgestülpte Wellenfront führt zu sogenannten pseudoskopischen Bildern.

ser Wellen ergab dann die ursprüngliche Objektwelle. Genauso entstehen aber auch Wellenfronten durch den Zusammenschluß von Kreiswellen, die von Öffnung zu Öffnung kleiner werden (Abb. 13). Diese Wellenfronten haben die entgegengesetzte Neigung und verlaufen in eine andere Richtung als die bisher betrachteten. Natürlich kann dann eine der beiden Richtungen nicht mit der der ursprünglichen Gegenstandswelle übereinstimmen. Der Zusammenschluß aller „falsch" verlaufenden Wellenfrontteile ergibt dann eine „umgestülpte" Welle (Abb. 14). Die daraus entstehenden Bilder nennt man „pseudoskopisch". Sie werden später im Kapitel „Das Bild entsteht vor der Filmebene" noch eine wichtige Rolle spielen.

Wird ein Hologramm mit Laserlicht beleuchtet, so sieht man ein klares Bild mit allen Eigenschaften, wie sie bis jetzt beschrieben wurden. Ersetzt man den Laser aber durch eine normale Lichtquelle, so erscheint anstelle des klaren Bildes eine verwaschene Erscheinung in allen Regenbogenfarben, die häufig keinerlei Ähnlichkeit mit dem aufgenommenen Gegenstand hat. Schuld daran sind die verschiedenen Farben, die im weißen Licht enthalten sind, und die räumliche Ausdehnung der Lichtquelle. Da jede Farbe einer anderen Wellenlänge entspricht und sich für verschiedene Wellenlängen holographische Bilder unterschiedlicher Größe an etwas unterschiedlichen Stellen des Raumes bilden, ergeben alle diese Bilder zusammen das unkenntliche farbige Etwas, von dem hier die Rede ist.

Die Überlegungen in diesem Kapitel gingen davon aus, daß die bei der Hologrammentstehung stark belichteten Stellen nach der Entwicklung lichtundurchlässig werden. Das entspricht einer Negativentwicklung. Man kann sich jetzt die Frage stellen, welche Auswirkung eine Positiventwicklung auf das holographische Bild hätte. Hierbei würden alle belichteten Stellen der Fotoplatte durchsichtig und alle unbelichteten Stellen undurchsichtig werden.

Unerwarteterweise hat die Art der Entwicklung auf das holographische Bild überhaupt keinen Einfluß. Die Form der Objektwelle ist ja in den Abständen zwischen den durchlässigen und undurchlässigen Stellen gespeichert, und diese Abstände ändern sich bei einer Positiventwicklung nicht. Deswegen würde sich auch an den von den Abbildungen 11 und 12 ausgehenden Überlegungen und den daraus folgenden Resultaten nichts ändern.

Die in diesen einführenden Kapiteln beschriebene Hologrammart muß mit Laserlicht durchstrahlt werden, um eine optimale Wiedergabe des abgebildeten Gegenstands zu erreichen. Da in der Optik der Durchgang von Licht durch eine Substanz als „Transmission" bezeichnet wird, nennt man diese Hologramme auch „Lasertransmissionshologramme". Die meisten der in der Anfangszeit der Holographie hergestellten Hologramme waren von diesem Typ, und auch heute noch spielen Lasertransmissionshologramme in Forschung und Technik eine dominierende Rolle.

Weißlichthologramme

Wegen der komplizierten Beleuchtung, die bei der Betrachtung von Lasertransmissionshologrammen notwendig ist, findet man in Ausstellungen meist einen anderen Hologrammtyp, der Weißlichtreflexionshologramm heißt. In den folgenden Kapiteln über die Herstellung von Hologrammen werden wir uns ebenfalls hauptsächlich mit Weißlichtreflexionshologrammen beschäftigen. Auch diese Hologramme werden mit Laserlicht aufgenommen. Man kann das holographische Bild jedoch mit normalem, d. h. weißem Licht betrachten, das von einer möglichst punktförmig erscheinenden Lichtquelle kommen sollte. Die optischen Grundlagen der Hologrammbildung und -wiedergabe sind bei diesem Hologrammtyp schwieriger zu verstehen als bei Transmissionshologrammen. Eine detaillierte Beschreibung würde den Rahmen dieses Buches sprengen. Wir wollen uns daher auf einige pauschale Ausführungen beschränken.

Bei der Aufnahme von Reflexionshologrammen befinden sich Objekt und Lichtquelle auf entgegengesetzten Seiten der Fotoplatte (des Films) (s. Abb. 15 und Abb. 21). Man kann zeigen, daß dadurch die holographische Information in einzelnen parallelen Schichten innerhalb der photographischen Emulsion des Films gebildet wird, die etwa eine halbe Lichtwellenlänge voneinander entfernt sind. Die Vorgänge innerhalb einer einzelnen Schicht laufen im wesentlichen so ab, wie bei der Bildung eines Transmissionshologramms, d. h., in diesen Schichten ist jeweils die Form der Objektwellenfront gespeichert. Im Abstand von einer Schicht zur nächsten ist aber darüber hinaus die Information über die Wellenlänge der Objektwelle gespeichert. Bei der Wiedergabe wirkt dann jede einzelne Schicht wie ein „normales" Hologramm. Aber nur für eine Wellenlänge, die durch den Schichtabstand bestimmt wird, verstärken sich die Wirkungen der einzelnen Schichten. Für die anderen Wellenlängen schwächen sich die Wirkungen gegenseitig ab. Auch dieser Effekt ist wieder auf die Interferenz der Lichtwellen zurückzuführen.

Es wurde eben schon erwähnt, daß sich die Lichtquelle (Laser) bei der Aufnahme auf der dem Gegenstand gegenüberliegenden Seite des holographischen Films befindet. Das ist aber auch die Seite, von der aus das holographische Bild betrachtet werden muß. Daraus folgt, daß sich bei der Wiedergabe Betrachter und Lichtquelle auf derselben Seite des Hologramms befinden. Da das Hologramm das Licht der Lichtquelle zum Betrachter hin reflektieren muß, wird es Reflexionshologramm genannt. Um auf jeden Fall die richtige Wellenlänge bei der Wiedergabe zu erhalten, verwendet man eine weiße Lichtquelle. Wir haben im Kapitel über Lichtwellen ja gesehen, daß weißes Licht alle möglichen Wellenlängen enthält. Und aus diesem „Angebot" kann sich das Hologramm die zu den Schichtabständen passende Wellenlänge auswählen.

2 Holographie als Hobby

Vorbemerkungen

Die im letzten Kapitel erklärten Grundlagen der Holographie sind für den Anfänger sicher nicht ganz einfach zu verstehen. Es sind wahrscheinlich einige Zeit und etwas Nachdenken notwendig, um die geschilderten Zusammenhänge überschauen zu können. Auf der anderen Seite scheint die Herstellung von Hologrammen, wie sie in Abb. 6 gezeigt wird, nicht allzu problematisch zu sein, vorausgesetzt, man hat Zugang zu einem Laser und den erforderlichen optischen Bauteilen.

Aber, wie nicht anders zu erwarten, sind in dem scheinbar so einfachen Aufnahmeverfahren Fallstricke versteckt, denen man bei einer erfolgreichen Hologrammherstellung entgehen muß. Die wesentlichen Schwierigkeiten rühren von der unvorstellbaren Feinheit der aufzunehmenden Hell-Dunkel-Muster her. Die Größe der in diesen Mustern vorhandenen Details liegt normalerweise zwischen 1 μm und 0,1 μm. (1 μm, gesprochen „Mikrometer", ist 1/1000 mm.) Das erfordert ein spezielles Aufnahmematerial; „normaler" Film ist im allgemeinen für die Holographie nicht zu gebrauchen.

Tips zur Beschaffung des Spezialfilms werden in dem Kapitel über das Filmmaterial gegeben. Da es eine allgemeine Regel ist, daß ein Film desto unempfindlicher ist (d. h. desto länger belichtet werden muß), je feiner die Details sind, die er darstellen kann, muß man bei der Holographie mit Helium-Neon-Lasern mit Belichtungszeiten von mehreren Sekunden rechnen. Um ein Hologramm aufnehmen zu können, dürfen sich während dieser Zeit die Teile der Aufnahmeapparatur und des Objekts praktisch nicht gegeneinander bewegen. Schon bei Bewegungen von Bruchteilen von μm verwischen sich die feinen Hell-Dunkel-Konturen auf dem Film. Die holographische Information geht dann verloren, und man erhält nicht etwa ein unscharfes Bild, sondern gar keines.

Bewegungen in der eben angegebenen Größenordnung sind mit dem bloßen Auge gar nicht erkennbar. Erschütterungen durch Umherlaufen, Straßenverkehr und durch laute Musik in Nebenräumen reichen aus, um Hologrammaufnahmen unmöglich zu machen. Selbst die Konvektion von warmer Luft in der Nähe von Heizungen kann die holographischen Muster völlig durcheinanderbringen. Ein mechanisch solider und erschütterungsfreier Aufbau der Aufnahmeapparatur ist daher unbedingte Voraussetzung zum Erfolg. In wissenschaftlichen Laboratorien werden diese Bedingungen durch tonnenschwere Labortische aus Granit oder Stahl erreicht, die auf einem pneumatisch gedämpften Fundament aufgebaut sind. Äußere Erschütterungen können so überhaupt nicht bis zur eigentlichen Apparatur durchdringen. Die Beschreibungen derartiger, in wissenschaftlichen Werken vorgeschlagenen Anordnungen hat sicher schon viele potentielle Hobby-Holographen abgeschreckt. Wer hat schon die finanziellen und räumlichen Voraussetzungen, um diese Bedingungen zu erfüllen?

Anfang der siebziger Jahre hatten findige amerikanische Holographen die Idee, die teuren pneumatisch gedämpften Granitplatten durch Sandkisten auf aufgeblasenen Autoreifen zu ersetzen. Die Kosten für eine holographische Einrichtung können so auf einen für Hobbyisten erschwinglichen Betrag gesenkt werden, ohne daß die Vielseitigkeit und Qualität holographischer Aufnahmen entscheidend gemindert wird. Der Bau derartiger Sandkisten wird in einigen der im Anhang angegebenen Bücher ausführlich beschrieben. Selbst viele der professionellen oder semiprofessionellen Holographen, deren Aufnahmen man in Galerien und Ausstellungen bewundern kann, verwenden diese „Sandbox-Technik".

Doch trotz der relativ geringen Kosten hat eine solche Einrichtung den Nachteil, daß spezielle Räumlichkeiten für die Sandkiste vorgesehen werden müssen. Wer will schon mehrere Tonnen Sand in seine Küche schleppen, nur um einige Hologramme anfertigen zu können? Selbst ein Hobbyraum oder Partykeller würde auf diese Weise für alle anderen Zwecke unbrauchbar werden. Für alle, denen kein eigener Holographieraum zur Verfügung steht oder die Hemmungen haben, eventuell vorhandene Räume derart einseitig zu nutzen, die aber trotzdem Holographie als interessante Freizeitbeschäftigung ansehen, soll im folgenden eine einfachere Möglichkeit vorgestellt werden.

Der Aufbau, den wir hier beschreiben werden, hat sich als erstaunlich unempfindlich gegenüber äußeren Erschütterungen erwiesen und kann innerhalb kurzer Zeit auf- und wieder abgebaut werden. Natürlich hat man mit einem so einfachen Aufbau nicht die vielseitigen Möglichkeiten wie mit der „Sandbox-Methode". Will man alle bekannten Techniken voll ausschöpfen, so kommt man an einem aufwendigeren Aufbau nicht vorbei. Andererseits hat es sich gezeigt, daß mit Phantasie und Einfallsreichtum auch die hier beschriebene einfache Methode die Herstellung von Hologrammen erstaunlicher Qualität und Vielseitigkeit gestattet. Alle Möglichkeiten werden in diesem Buch sicher noch nicht erfaßt. Außerdem ist es natürlich auch möglich, auf der Basis der hier beschriebenen einfachen Aufnahmeapparatur später einen größeren Aufbau vorzunehmen.

Der Aufnahmeraum

Wenn Sie die bisherigen Kapitel durchgelesen haben, wissen Sie, wie ein Hologramm funktioniert; es ist klar, daß Sie jetzt selbst endlich Hologramme herstellen wollen.

Zunächst brauchen Sie einen Raum, der verdunkelbar ist und in dem ein Tropfen einer Fotochemikalie auf dem Boden keine häusliche Katastrophe heraufbeschwört. Ein Hobbyraum im Keller ist bestens geeignet. Ein Kellerraum hat nicht nur den Vorteil, daß dort Ihr bester Perserteppich nicht gefährdet ist; Kellerräume sind außerdem ruhig. Lärm und Erschütterungen sind Dinge, die ein Hologramm, wie schon besprochen, bei der Aufnahme nicht verträgt. Sollten Sie keinen Kellerraum zur Verfügung haben, dann müssen Sie auf ruhige Zeiten des Tages ausweichen.

In Ihrem Raum brauchen Sie eine Fläche von ca. 0,8 m mal 1,2 m für Ihre Aufnahmeapparatur. Diese können Sie auf einem festen Tisch oder auf dem Fußboden aufbauen. In jedem Fall ist es empfehlenswert, die Apparatur durch eine Schaumgummimatte (z. B. eine alte Matratze) oder den aufgepumpten Schlauch eines Autoreifens vor Schwingungen von außen zu schützen. Auf die Schaumgummimatte legen Sie ein Brett (oder eine Hartspanplatte) von 0,8 m mal 1,2 m, das nicht dünner als 1,5 cm sein sollte. Darauf baut man dann die Apparatur auf.

Außerdem brauchen Sie in Ihrem Raum noch einen Tisch, auf dem Sie Ihre Hologramme entwickeln können. Das ist manchmal eine etwas schmutzige Angelegenheit; man kann es nicht vermeiden, daß ab und zu ein Tropfen Entwicklerflüssigkeit auf den Tisch fällt. Eine abwaschbare Wachstuch- oder Plastikdecke löst dieses Problem. Fließendes Wasser brauchen Sie in diesem Raum nicht; ein 10-Liter-Eimer tut es auch.

Das holographische Filmmaterial, über das wir in den folgenden Kapiteln noch ausführlich berichten werden, hat neben anderen Vorzügen die angenehme Eigenschaft, daß es für grünes Licht unempfindlich ist. Das gibt Ihnen die Möglichkeit, den Holographieraum viel heller zu beleuchten, als das bei normalen Dunkelkammern üblich ist. In Schreibwarengeschäften gibt es klare grüne Folie zu kaufen. Nehmen Sie eine Lampe mit einer normalen 15-Watt-Glühbirne. Dann überkleben Sie alle Öffnungen der Lampe mit einer doppelten Schicht der grünen Folie. Eventuelle Ritzen an der Lampe sollten abgeklebt werden. Schimmert durch eine Türritze oder zur Fensterverdunklung noch etwas Licht herein, so ist das nicht allzu tragisch, solange das Licht nicht direkt auf den Film fällt. Dank der grünen Beleuchtung können Sie sich im Raum frei und ungehindert bewegen. Sie können bei der Aufnahme und der Entwicklung sogar die richtige Zeit mit Ihrer Armbanduhr bestimmen. Günstiger für die Aufnahme ist allerdings eine Uhr, die einen gut hörbaren Sekundentick besitzt.

Irgendwo in der Nähe des Aufnahmeraums sollte sich fließendes Wasser befinden, da das Hologramm zum Schluß richtig gewässert werden muß. Das kann in völliger Helligkeit geschehen. Ab wann das Hologramm im Laufe seiner Herstellung Helligkeit verträgt, wird im Abschnitt über die Entwicklung besprochen.

Der Aufbau der Aufnahmeapparatur

Wir wollen uns zunächst mit der Herstellung von Weißlichthologrammen beschäftigen, deren Eigenschaften ja schon in einem früheren Kapitel beschrieben worden sind. Eine Apparatur zur Aufnahme von Weißlichthologrammen kann man auf viele Weisen realisieren. In diesem Kapitel soll ein Aufbau beschrieben werden, der sich in der Praxis hervorragend bewährt hat. Er ist kompakt, gegen äußere Störungen weitgehend unempfindlich und kann mit wenigen Handgriffen auf- und abgebaut werden. Das ist vor allem dann ein Vorteil, wenn kein eigentlicher Holographieraum zur Verfügung steht und die Apparatur nach der Benutzung wieder weggeräumt werden muß. Alle verwendeten Teile sind Präzisionsteile der optischen und feinmechanischen Industrie und im Handel erhältlich, z. B. bei Firmen für Labor- oder Schulbedarf. Der Aufbau ist in Abb. 15 zu sehen.

Was bei diesem Aufbau auffällt, ist das Fehlen eines Strahlteilers, wie er in der in Abb. 6 skizzierten Aufnahmeapparatur eingezeichnet ist. Anschei-

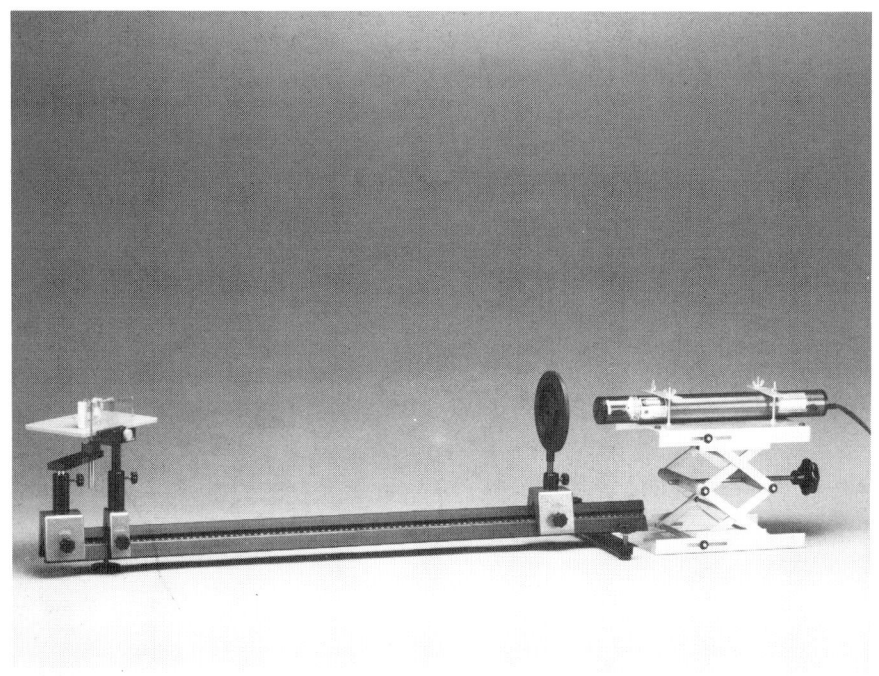

Abbildung 15 Ein kompakter Aufbau zur Aufnahme von Weißlichthologrammen. Rechts befindet sich der Laser auf einem höhenverstellbaren Labortischchen. Die übrigen Komponenten sind mit Reitern auf einer optischen Bank befestigt. Von rechts nach links sind Aufweitungslinse, Plattenhalter mit Filmbefestigung und Objektplattenform mit einer kleinen Schraubzwinge als Objekt zu sehen. Vor der Aufnahme sollte man sich überzeugen, daß alle Befestigungsschrauben der Reiter angezogen sind.

nend soll hier ein Hologramm nur mit einem Strahl hergestellt werden. Aber das ist ein Trugschluß. Als Referenzwelle dient das Licht, das von dem Laser kommend direkt auf den Film fällt. Da dieser fast durchsichtig ist, scheint der größte Teil des Lichts durch den Film auf den dahinter stehenden Gegenstand; von diesem wird dann ein Teil des Lichts zum Film zurückreflektiert. Das ist die Gegenstandswelle. Der wesentliche Unterschied zu der früher besprochenen Anordnung ist der, daß jetzt Referenz- und Gegenstandswelle den Film von verschiedenen Seiten erreichen. (Und das ist, wie schon im Kapitel „Weißlichthologramme" erwähnt, gerade der Grund dafür, daß wir das fertige Hologramm mit weißem Licht betrachten können.)

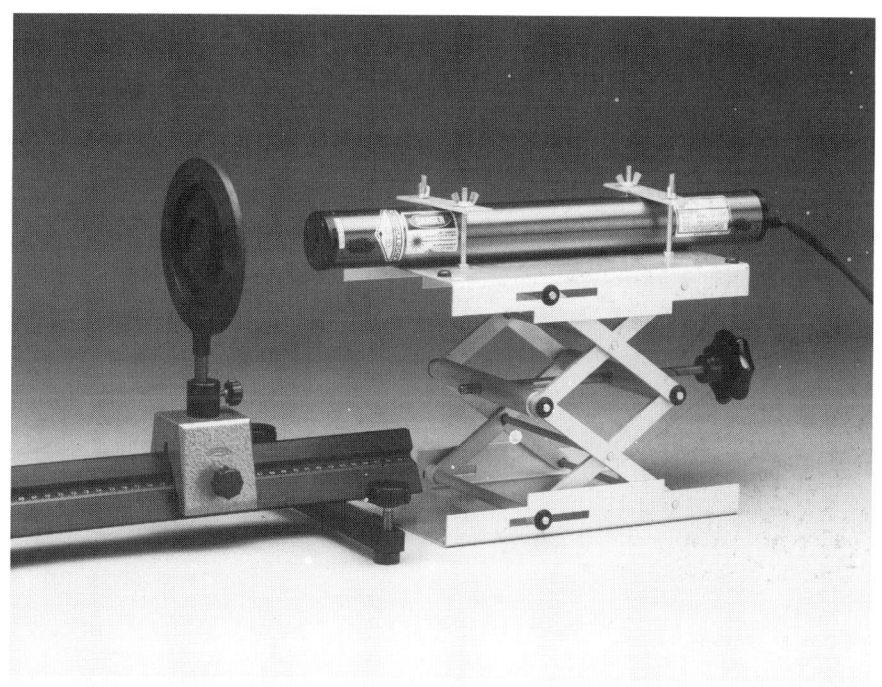

Abbildung 16   Laser und Aufweitungslinse: Die Linse in der Fassung hat wegen ihrer geringen Brennweite nur einen Durchmesser von wenigen Millimetern. Die Stellschrauben des Auflagefußes der optischen Bank erlauben den Laserstrahl in bezug auf die Aufweitungslinse so einzustellen, daß eine optimale Ausleuchtung von Film und Objekt erreicht wird.

Als Lichtquelle dient hier ein Helium-Neon-Laser mit einer Leistung von 1 mW bis 5 mW. Der Laser ist, wie in Abb. 16 gezeigt, auf einem höhenverstellbaren Labortischchen so befestigt, daß er um seine Achse gedreht werden kann. Die Höhenverstellung ermöglicht eine einfache Anpassung der Strahlhöhe an die jeweilige Aufnahmesituation. Das Labortischchen seinerseits ist mit einer Schraubzwinge auf dem Basisbrett befestigt. Da der Laserstrahl nur einen Durchmesser von ca. 0,8 bis 1,0 mm hat, können damit weder der Film noch das Aufnahmeobjekt ausgeleuchtet werden. Zur Ausleuchtung wird der Strahl mit Hilfe einer sehr kurzbrennweitigen Sammellinse aufgeweitet (links im Bild). Diese Linse konzentriert den parallelen Laserstrahl zunächst in ihrem Brennpunkt; vom Brennpunkt aus läuft der Strahl dann wieder auseinander. Bei einer Brennweite von 5 mm (abgebildete Linse) wird ein Strahl von 0,8 mm Durchmesser in 50 cm Entfernung von der Linse auf einen Durchmesser von 8 cm aufgeweitet; in 1 m Entfernung beträgt der Strahldurchmesser 16 cm. Da die Helligkeit am Rand stark abfällt, sind für die Aufnahme davon nur 10 bis 12 cm nutzbar. Hat die Aufweitungslinse eine größere Brennweite, so läuft der Strahl langsamer auseinander. Man braucht dann einen längeren Aufbau, um einen ausreichenden Strahldurchmesser zu erreichen, was wiederum der Stabilität des Aufbaus abträglich ist. Kürzere Brennweiten als 5 mm erreicht man

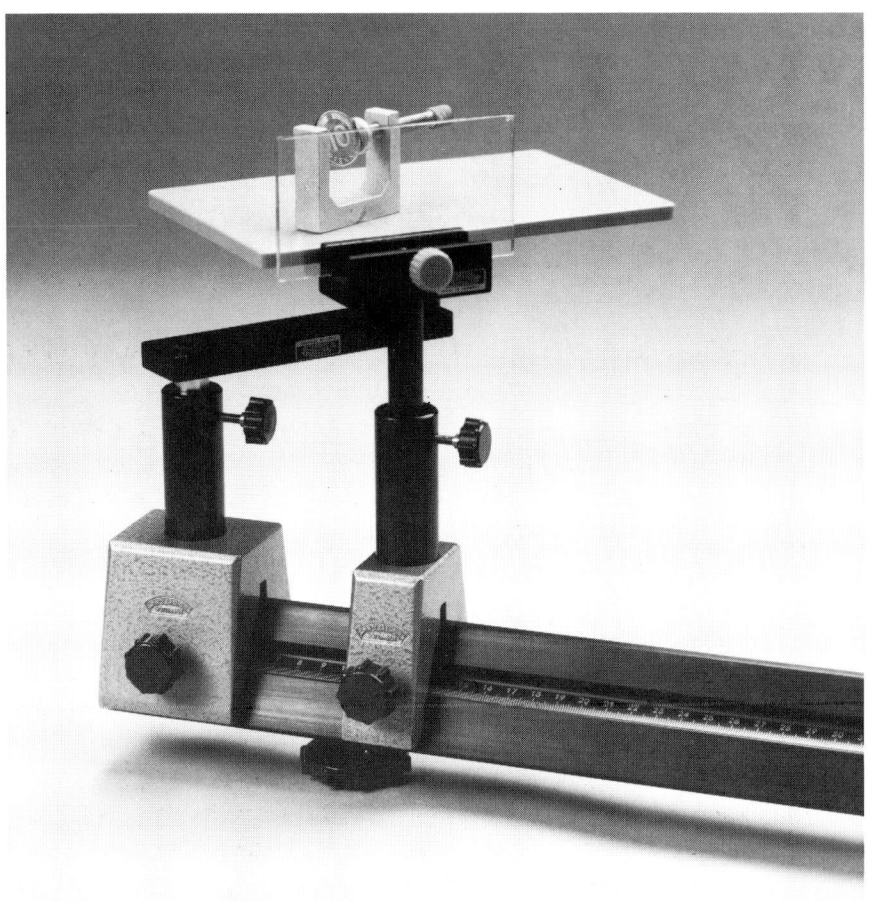

Abbildung 17   Plattenhalter und Objektplattform: Bei der Aufnahme wird der Film zwischen die Glasplatten im Plattenhalter geklemmt. Das Objekt, hier eine kleine Schraubzwinge, wird evtl. mit doppelseitigem Klebeband oder etwas Haftmasse auf der Objektplattform befestigt.

mit Mikroskopobjektiven. Trotzdem ist es nicht immer empfehlenswert, ein Objektiv anstelle einer einfachen Linse zu verwenden; wir werden auf den Grund gleich noch zu sprechen kommen.

Die Aufweitungslinse ist zusammen mit den übrigen Teilen der Aufnahmeapparatur auf einer 1 m langen speziellen Schiene montiert, die man „Optische Bank" nennt. In etwa 80 cm Entfernung von der Linse, wo der Strahl also einen genügend großen Durchmesser hat, befindet sich der Plattenhalter zur Aufnahme des Fotomaterials (Abb. 17). Aus finanziellen Gründen empfiehlt es sich zumindest für den Anfänger, Film- statt Plattenmaterial zu verwenden. Ein 10×12 cm großes Planfilmstück kostet nur ca. 1/5 des Betrages für eine gleichgroße Platte. Außerdem kann man ein Filmstück mit Hilfe einer Schere bequem in halbe oder sogar viertel Teile schneiden und damit insbesondere im Teststadium viel Geld sparen. Da der Film in sich nicht genügend Stabilität besitzt, muß er zwischen zwei Glasplatten eingeklemmt werden. Diese Glasplatten brauchen keine besonderen optischen Qualitäten zu besitzen; sie sollten nur schlieren- und blasenfrei sein und eine Stärke von ca. 2 mm haben. Zur leichteren Handhabung des Films ist es günstig, wenn die Platten etwas niedriger sind als die verwendeten Filmstücke (also etwa 5,5×10 cm). Jeder Glaser wird sie für einen geringen Betrag aus Glasresten herausschneiden.

Unmittelbar hinter dem Plattenhalter befindet sich die Objektplattform. Sie nimmt sowohl das Aufnahmeobjekt als auch evtl. einen Spiegel zur Zusatzbeleuchtung auf und kann mit Hilfe eines Schwenkarms etwas außerhalb der optischen Achse neben der Schiene positioniert werden.

Alle Einzelteile der Aufnahmeapparatur sind nochmals in Abb. 18 zu sehen. Mit der abgebildeten Apparatur kann ein Hologramm der Größe 6×10 cm, also ein halbes Filmstück, ausgeleuchtet werden. Um größere Hologramme herstellen zu können, müssen die Apparatur und damit auch die dazugehörigen Unterlagen verlängert werden. Bei 2 m Länge ist die Ausleuchtung des Standardfilmformats 10×12 cm möglich. Dazu ist nicht unbedingt eine entsprechend lange und sperrige optische Bank notwendig. Man kann genausogut zwei kurze Schienen verwenden; eine für den Strahlaufweiter und eine für Plattenhalter und Objekttisch. Allerdings ist für diesen größeren Aufbau die Verwendung eines sog. Raumfilters angebracht, auf den wir weiter unten noch eingehen werden.

Wenn man zwischen den Laser und die Strahlaufweiterlinse ein Brillenglas (z. B. mit −3 Dioptrien) stellt, kann man den Laserstrahl auch ohne Verlän-

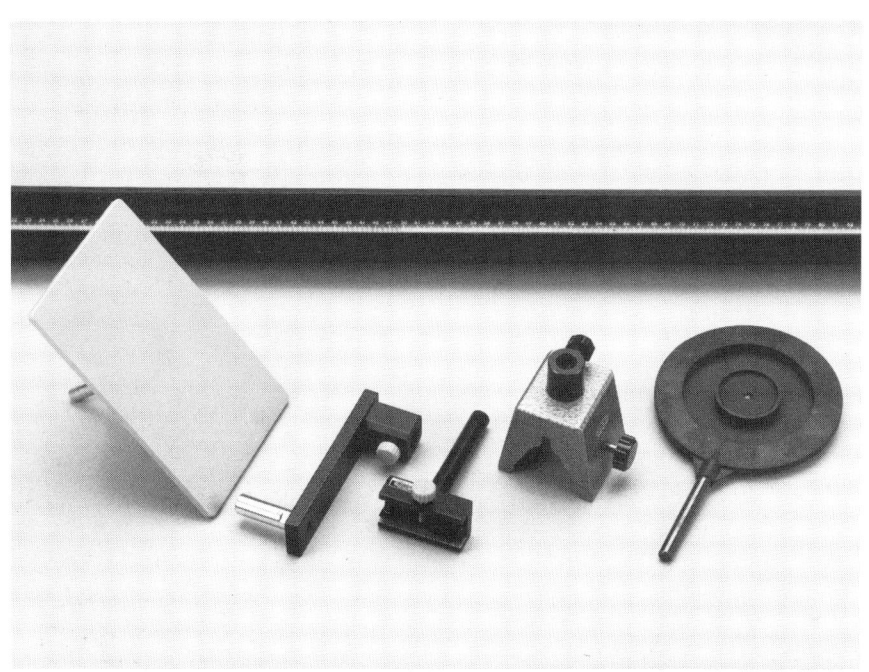

Abbildung 18   Komponenten der Aufnahmeapparatur: Von links: Objektplattform, Schwenkarm, Plattenhalter, Reiter für die optische Bank, Aufweitungslinse. Im Hintergrund die optische Bank.

gerung der Apparatur stärker aufweiten. Das erfordert natürlich eine entsprechende Halterung und evtl. einen zusätzlichen Reiter.

Wird der Laser angeschaltet, und wird sein Strahl durch die kleine Linse hindurchgefädelt, so kann es durchaus sein, daß der aufgeweitete Strahl zunächst die falsche Stelle beleuchtet. Am besten kann man das kontrollieren, wenn man an der Wand oder dem Möbelstück hinter dem Aufbau ein weißes Blatt Papier anbringt. Man sieht dann an dem Schatten, den Plattenhalter und Objekt im Laserlicht werfen, ob alles optimal ausgeleuchtet ist. Da sich die optische Bank gegen den Laserstrahl verschieben läßt, kann der Strahl durch eine entsprechende Höhen- oder Seitenverschiebung genau an die richtige Stelle gebracht werden. Hält man an die Stelle des Films ein weißes Blatt Papier, so wird man feststellen, daß sich in dem roten Laserlichtfleck mehr oder weniger ausgeprägte dunkle Flecken und Ringe zeigen (Abb. 19, links). Diese Abdunkelungen würden auch auf einer

Schaumgummimatte (Matratze o. ä.); festes Brett.
Laser (1 bis 5 Milliwatt) und ein höhenverstellbares Labortischchen.
Eine 1 m lange optische Bank mit Justierfuß.
Drei Reiter für die optische Bank.
Kurzbrennweitige Linse (f=5 mm).
Plattenhalter mit zwei Glasplatten (10×5,5 cm).
Schwenkarm mit Objektplattform auf einem Stiel; evtl. ein Oberflächenspiegel 6×10 cm.

Tabelle 1   Stückliste für einen einfachen Aufnahmeaufbau

Hologrammaufnahme zu sehen sein und müssen daher so gut wie möglich beseitigt werden.

Der Grund für die dunklen Stellen sind Staubteilchen oder feine Kratzer auf der Aufweitungslinse. An diesen Hindernissen wird ein Teil des Laserlichts gestreut, d. h. abgelenkt. Die gestreuten Lichtwellen treffen auf den ungestreuten Hauptstrahl, und es ergeben sich die im ersten Kapitel besprochenen Auslöschungen und Verstärkungen des Lichts. Man kann nun die Lin-

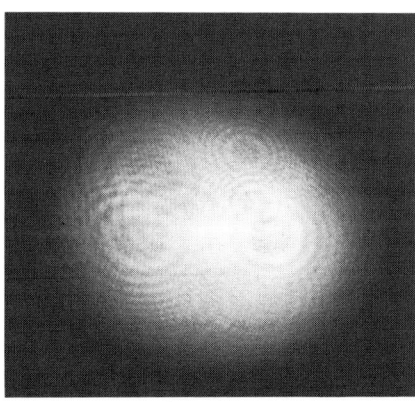 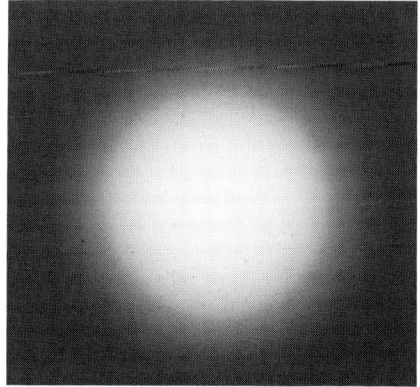

Abbildung 19   Aufgeweiteter Laserstrahl mit Raumfilter (rechts) und ohne Raumfilter (links): Die dunklen Ringe im linken Bildteil sind auf Interferenzen zwischen dem aufgeweiteten Strahl und Streuwellen an Verunreinigungen und Kratzern auf der Linsenoberfläche zurückzuführen. Sie lassen sich auch durch Reinigen der Linse nicht völlig beseitigen. Abhilfe schafft hier nur ein Raumfilter (rechts). (Foto: Spindler & Hoyer)

senoberfläche sehr vorsichtig (um keine neuen Kratzer zu erzeugen) reinigen und damit möglichst viele der störenden Verunreinigungen beseitigen. Einen ganz sauberen Strahl wird man auf diese Weise jedoch nicht erhalten. Trotzdem ist eine Einzellinse in diesem Fall günstiger als ein aus mehreren Linsen bestehendes Mikroskopobjektiv, da man bei diesem gar nicht mehr an alle Linsenoberflächen herankommt. Die einzige Möglichkeit, einen wirklich sauberen Strahl zu erhalten (Abb. 19, rechts), ist ein Raumfilter. Was ein Raumfilter ist und wie man damit umgeht, soll in einem späteren Abschnitt genauer besprochen werden.

Auf dem Foto der Aufnahmeapparatur (Abb. 17) ist zu erkennen, daß der Plattenhalter bzw. die beiden den Film aufnehmenden Glasplatten ziemlich schief zur Achse der optischen Bank stehen. Das ist volle Absicht und soll jetzt erklärt werden.

Vermeiden von Reflexionen

Fällt der aufgeweitete Laserstrahl auf die Glasplatten, so kann man auf einem entsprechend gehaltenen Blatt Papier oder an der Wand die Spiegelung des Strahls an den Glasplatten erkennen. Dieser Reflex ist wieder von dunklen Streifen verschiedener Form durchsetzt. Der Laserstrahl wird nämlich von den Vorder- und Rückseiten der Glasplatten reflektiert, und so ergeben sich beim Zusammentreffen dieser verschiedenen Reflexe wieder Auslöschungen und Verstärkungen. Unglücklicherweise sind die an der Wand zu beobachtenden Streifen auch auf einem Hologramm, das zwischen diesen Glasplatten aufgenommen wird, zu erkennen.

Es gibt eine Möglichkeit, diese Reflexe und damit die Streifen auf dem Hologramm zu vermeiden: Dreht man den Plattenhalter so, daß der Winkel zwischen Glasplatten und Strahlrichtung etwa 33° beträgt, so kann man bei der Drehung des Lasers um die Strahlachse erkennen, daß der Reflex in einer bestimmten Stellung des Lasers praktisch verschwindet (Abb. 20). (Am besten führt man diese Lasereinstellung mit dem unaufgeweiteten Laserstrahl durch.) In dieser Stellung ist der Laserstrahl parallel zur Arbeitstischebene „polarisiert". Das bedeutet, daß das elektrische Feld der Lichtwelle parallel zur Tischebene schwingt. Der spezielle Einstellwinkel der Glasplatte (genauer gesagt: die Ergänzung von 33° auf 90°) heißt „Brewsterwinkel" (gesprochen: „Bruhsterwinkel") nach dem Physiker David Brewster, 1781 bis 1868. Mit Hilfe eines Polarisationsfilters kann die

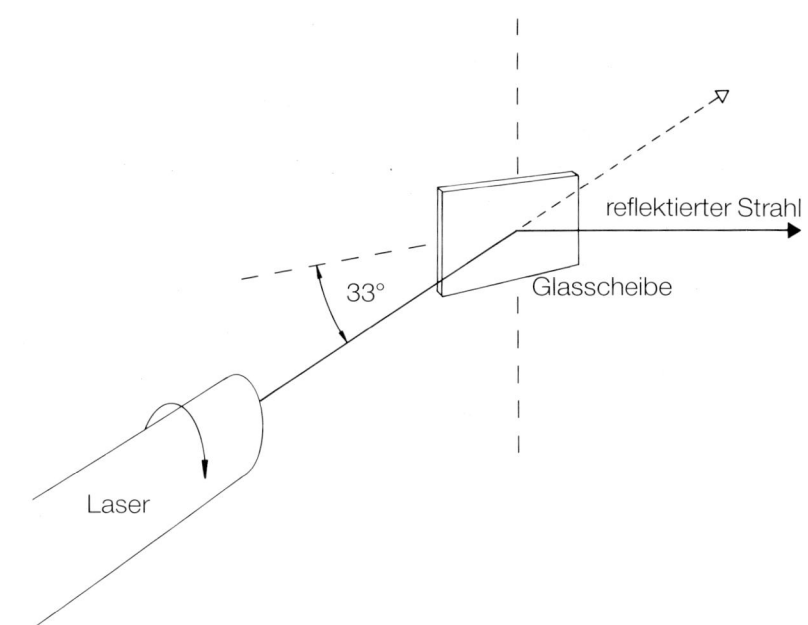

Abbildung 20   Einstellung der richtigen Polarisationsebene zur Vermeidung interner Reflexionen. Wird die Glasplatte in einen Winkel von etwa 33 Grad zur Strahlrichtung gestellt, so beobachtet man bei der Drehung des Lasers um seine Achse, daß es eine Stelle gibt, an der die Helligkeit des reflektierten Strahls fast verschwindet.

Bestimmung der richtigen Lasereinstellung noch etwas einfacher durchgeführt werden. Man sollte bei der Aufnahme eines Hologramms immer mit der eben angegebenen Einstellung von Laser und Plattenhalter arbeiten, da nur so die störenden Reflexionen an den Glasplatten vermieden werden.

Natürlich kann das beschriebene Verfahren nur durchgeführt werden, wenn das Licht des verwendeten Lasers „linear" polarisiert ist. Bei preisgünstigeren Lasern mit sog. Random-Polarisation kann sich die Polarisationsrichtung während des Betriebs sprunghaft verändern, und die dunklen Streifen auf dem Hologramm können daher nicht verhindert werden.

Da der Film bei der Aufnahme schräg im Laserstrahl steht, muß das aufzunehmende Objekt etwas außerhalb der Strahlachse angeordnet werden. Um das zu ermöglichen, wurde bei der beschriebenen Aufnahmeapparatur die Objektplattform mit einem Schwenkarm auf der optischen Bank befestigt. Die Plattform wird in die gleiche Richtung gedreht wie der Plattenhalter und dann möglichst nahe an diesen herangestellt. Das abzubildende Objekt, das beim hier beschriebenen Aufbau erfahrungsgemäß eine räumliche Tiefe von 3 bis 5 cm nicht überschreiten sollte, wird dann so auf die Plattform gestellt, daß es sich unmittelbar am Plattenhalter befindet. Je näher, desto heller und schärfer ist später das Bild (siehe Kapitel 4).

In vielen Fällen reicht die direkte Beleuchtung nicht aus, um das Objekt ausreichend plastisch erscheinen zu lassen. In diesem Fall kann neben das Objekt noch ein Spiegel (oder auch eine mit Aluminiumbronze bestrichene Glasplatte) in den Strahl gestellt werden, um eine seitliche Objektausleuchtung zu erreichen (Abb. 21). Man muß dabei nur dafür sorgen, daß der vom Beleuchtungsspiegel ausgehende Reflex nicht direkt auf den Film fällt.

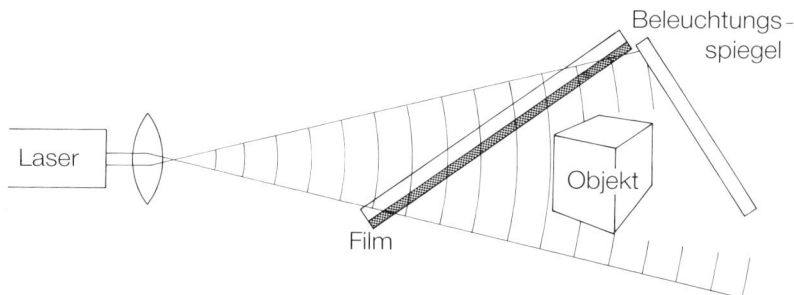

Abbildung 21   Um das Objekt auch von der Seite auszuleuchten, benutzt man einen schräg neben das Objekt in den Strahlenkegel gestellten Oberflächenspiegel. Die richtige Ausrichtung des Spiegels muß man von Objekt zu Objekt ausprobieren. Durch diese Beleuchtung erzielt man eine bessere räumliche Wirkung.

Raumfilter

In diesem Abschnitt soll noch kurz die Funktionsweise eines Raumfilters erklärt werden. Wie oben beschrieben wurde, führt die Überlagerung des aufgeweiteten Laserstrahls mit Streuwellen, die an Kratzern und Verunreinigungen der Aufweitungslinse oder am Laser selbst entstehen, zu Interferenzerscheinungen im Laserstrahl und damit zu ungleichmäßig ausgeleuchteten Hologrammen. Durch eine feine Lochblende, die genau im Brennpunkt der Aufweitungslinse angebracht wird, können diese Streuwellen ausgeblendet werden, während der ungestreute Laserstrahl an dieser Stelle seinen kleinsten Durchmesser hat und von der Blende durchgelassen wird (Abb. 22). Damit das funktioniert, darf die Lochblende nur einen Durchmesser von einigen 1/100 mm haben.

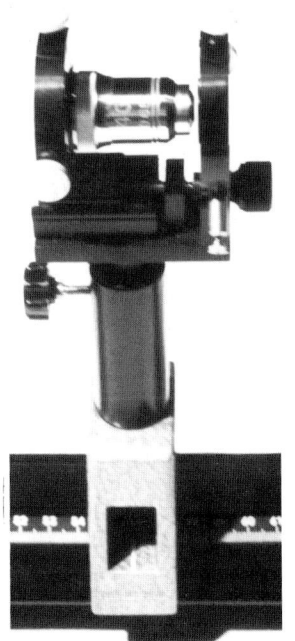
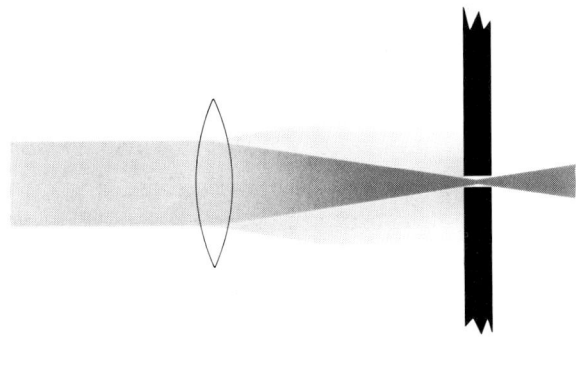

Abbildung 22 Wirkungsweise eines Raumfilters: An Kratzern und Verunreinigungen der Aufweiterlinse entstehen Streuwellen, die mit den Referenzwellen zu störenden Interferenzen auf dem Hologramm führen. Eine Lochblende, die nur wenige hundertstel Millimeter Durchmesser hat und die im Brennpunkt der Linse positioniert ist, blendet die Streuwellen aus und läßt die eigentlichen Beleuchtungswellen ungehindert durch.

Ein derart feines Loch herzustellen ist gar nicht so schwierig; man muß dazu eine Alufolie auf eine feste Unterlage, wie z. B. ein Blechstück, legen und sie vorsichtig mit einer Nadel ankörnen (nicht durchstechen). Die Folie reißt an dieser Stelle etwas auf, und die Öffnung ist von der erforderlichen Größe. Viel schwieriger ist es, eine Vorrichtung herzustellen, mit der man die Blende genau im Brennpunkt der Linse justieren kann. Es gibt industriell hergestellte Raumfilter, die aber nicht billig sind. Sie besitzen drei senkrecht zueinander angeordnete Feinstellschrauben, mit deren Hilfe die Lochblende in alle drei Raumrichtungen verschoben werden kann. Zum Justieren bringt man die Blende zunächst möglichst weit von der Brennebene weg. Dort leuchtet der aufgeweitete Laserstrahl das Loch aus, und man kann einen Lichtfleck auf einem hinter den Raumfilter gehaltenen Blatt Papier sehen. Dann bewegt man die Lochblende auf die Brennebene zu und korrigiert eine Seitenabweichung mit den dafür vorgesehenen Stellschrauben. Der von hellen und dunklen Ringen umgebene Lichtfleck wird dabei immer heller und größer, bis man zuletzt einen hellen und gleichmäßigen Fleck erhält, in dem auch die Ringe verschwunden sind. Bei der Justierung sind winzige Millimeterbruchteile entscheidend.

Das Filmmaterial und seine Verarbeitung

Bei der Aufnahme von Weißlichtreflexionshologrammen werden extreme Anforderungen an das Auflösungsvermögen bzw. an die Feinkörnigkeit des Films gestellt. Geeignete Filmsorten werden u.a. von Agfa und Ilford angeboten. Die folgenden Ausführungen beziehen sich zunächst auf das Material von Agfa. Besonderheiten, die bei der Verwendung des Ilford-Films beachtet werden müssen, werden im Anhang besprochen. Das für unsere Zwecke geeignete Agfa-Material heißt Holotest 8E75 HD. Sollten Sie nun versuchen, sich diesen Film im nächsten Fotogeschäft zu beschaffen, so kann es passieren, daß man Ihnen mitteilt, das Material sei momentan nicht zu beschaffen. (Dem Autor ist das wiederholt passiert.) Der Grund dafür liegt darin, daß laut Auskunft von Agfa das Holotestmaterial in der Röntgenfilmliste verzeichnet ist. Wenden Sie sich also am besten an eine Firma, die Industriebetriebe und Kliniken beliefert.

Es gibt noch drei andere Holotestsorten (8E56, 10E56, 10E75). Sollte Ihnen die Firma, bei der Sie den Film bestellen, eine andere Sorte als 8E75 anbieten, lehnen Sie auf jeden Fall ab. Die einzige für Sie in Frage kommende Sorte ist 8E75: Die Sorten E56 sind nur mit grünem Laserlicht verwendbar, und Holotest 10E75 eignet sich nur zur Herstellung von Transmissionshologrammen, nicht aber zur Aufnahme von Weißlichtreflexionshologrammen.

Holotestmaterial gibt es auf Glasplatten und als Planfilm. Für den Anfänger ist es am günstigsten, mit 10×12 cm (4×5 Zoll) großen Planfilmstücken zu arbeiten. Allerdings bietet Agfa dieses Filmformat nur in 100-Stück-Packungen an. Der Preis dafür liegt (inkl. MwSt.) bei knapp 200 DM (1986). Etwa genausoviel kostet die Packung mit 20 Platten im selben Format. Der Artikelcode für das Filmmaterial ist übrigens HJ M9X; vielleicht hilft diese Angabe bei der Bestellung.

Auch von den Firmen Kodak und Polaroid werden holographische Fotomaterialien auf dem Markt vertrieben bzw. sind angekündigt. Da jedoch diese Materialien wesentlich schwieriger zu beschaffen waren, als das Holotestmaterial von Agfa, verfügt der Autor über keine Erfahrungen mit diesen möglichen Alternativen.

Natürlich benötigt ein spezielles Filmmaterial auch eine spezielle Verarbeitung. Zum Glück ist die Beschaffung der entsprechenden Chemikalien einfacher als die des Films. Es gibt unzählige geheime und weniger geheime

Rezepte für die Entwicklung und Weiterverarbeitung von holographischen Filmen. Die hier angegebenen Rezepte haben den Vorteil, daß sich ihre Zugaben einfach beschaffen lassen, und daß die Anwendung unkompliziert ist; man braucht dafür keine speziellen Dunkelkammerkenntnisse. Der Dokumentenentwickler Dokumol (Fa. Tetenal) ist in der Verdünnung ein Teil Entwickler und vier Teile Leitungswasser gut für unseren Film geeignet. Die Entwicklungszeit beträgt etwa zwei Minuten. Nach dem Entwickeln ist der Film sehr stark geschwärzt. Man kann das gut kontrollieren, da die Verarbeitung bei relativ heller grüner Beleuchtung durchgeführt werden kann. Nach einer Zwischenwässerung könnte der Film dann fixiert werden. Allerdings würde man dann nur sehr dunkle, unscharfe Hologramme erhalten. Viel besser ist es, den entwickelten Film nicht zu fixieren, sondern zu bleichen.

Bei Weißlichthologrammen ist eine sogenannte Umkehrbleichung üblich. Dabei wird aus dem Film das entwickelte Silber herausgelöst, und es bleibt nur das unbelichtete Restsilber zurück. Dieses Restsilber liegt in Form eines durchsichtigen Silbersalzes vor, so daß das gebleichte Hologramm fast völlig klar ist. Trotzdem ist die holographische Information in dem gebleichten Film enthalten, da das Silbersalz Licht ganz anders beeinflußt als die salzfreie Gelatineschicht des Films. Ein derartiges Hologramm heißt Phasenhologramm und ist viel lichtstärker als ein fixiertes Hologramm, das man Amplitudenhologramm nennt.

Herstellung von Entwickler- und Bleichflüssigkeit

Die Bleichflüssigkeit kann man nicht fertig kaufen. Um sie herzustellen, muß man 5 g Kaliumdichromat ($K_2Cr_2O_7$) und 5 ml konzentrierte Schwefelsäure in 1 l destilliertem bzw. demineralisiertem Wasser lösen. Lassen Sie sich dabei eventuell von Ihrem Apotheker oder Drogisten helfen. Da dieses Bleichmittel auch in der normalen Fotografie verwendet wird, kann Ihnen auch ein versierter Fotograf helfen. Die benötigten Materialien kosten nicht viel, sind aber sehr giftig. Wenn Sie die Lösung selbst herstellen wollen, achten Sie darauf, daß Schwefelsäure immer in das mit Wasser gefüllte Gefäß geschüttet wird und nie Wasser in ein mit Schwefelsäure gefülltes Gefäß. Kaliumdichromat steht im Verdacht, krebserregend zu sein. Vermeiden Sie jeden Hautkontakt. Das gilt natürlich nicht nur für die Herstellung, sondern auch für den Bleichvorgang selbst. Das Arbeiten mit Fotozangen und Gummihandschuhen sollte hier selbstverständlich sein.

Die so hergestellten Phasenhologramme sind noch etwas lichtempfindlich. Nach einer gewissen Zeit werden sie durch ausgefallenes Silber dunkler. Dabei nimmt jedoch die Bildqualität nicht merklich ab. Man kann das Hologramm auch nochmals nachbleichen, ohne daß es ihm schadet.

Entwickler
Dokumol (Flaschen mit 100 ml und 1 l sind im Fotohandel erhältlich).

Bleichbad
5 g Kaliumdichromat
5 ml konz. Schwefelsäure
1 l dest. Wasser

Netzmittel
Pril oder Agepon

Andere Zusammenstellungen, insbesondere für den Entwickler, siehe Anhang.

Tabelle 2   Chemikalien für den Start

Ein anderer Entwickler, den man allerdings selbst herstellen muß, liefert noch bessere Ergebnisse als Dokumol. Die Hologramme sind lichtstärker, und die Lichtechtheit ist viel besser. Man benötigt dazu drei Komponenten. Die erste erhält man durch Lösung von 10 g Pyrogallol ($C_6H_6(OH)_3$) in 500 ml Wasser. Die zweite Komponente ist eine Lösung von 10 g Natriumsulfit (Na_2SO_3) in 500 ml Wasser. Die dritte Komponente ist eine Lösung von 60 g Natriumcarbonat (Na_2CO_3) in 1 l Wasser.

Die drei Anteile schüttet man unmittelbar vor der Entwicklung im Verhältnis 1:1:2 zusammen. Für 100 ml Entwicklerflüssigkeit benötigt man also 25 ml Pyrogallol-Lösung, 25 ml Natriumsulfit-Lösung und 50 ml Natriumcarbonat-Lösung. Zunächst ist der Entwickler klar, im Laufe der Zeit wird er aber dunkelbraun und undurchsichtig. Der Entwickler verliert etwa zwei bis drei Stunden nach dem Zusammenschütten der Bestandteile seine Aktivität. Die Entwicklungszeit beträgt am Anfang anderthalb bis zwei Minuten. Nach zwei Stunden benötigt man dann zehn Minuten und mehr. Dabei läßt die Qualität der entwickelten Hologramme nicht nach; eher ist das Gegenteil der Fall. Man benötigt schon etwas Erfahrung, um hier immer die optimale Entwicklungszeit zu finden. Nach dem Entwickeln behandelt man den Film genauso weiter wie bei der Dokumol-Entwicklung.

Ein mit Pyrogallol entwickeltes Hologramm hat eine hervorragende Lichtechtheit. Der Autor hat das ausprobiert, indem er einem Hologramm einen Stammplatz auf der Fensterbank eines Südwestfensters gegeben hat. Das Hologramm ist dort bei schönem Wetter stundenlang direkter Sonneneinstrahlung ausgesetzt. Nachdem es nach zwei Monaten einmal nachgebleicht wurde, sind bis zum Zeitpunkt, zu dem diese Zeilen geschrieben wurden, knapp zwei Jahre vergangen. Die Qualität des Hologramms läßt weiterhin nichts zu wünschen übrig.

Gute Resultate erhält man, wenn die Hologramme zuerst in dem eben beschriebenen Pyrogallol-Entwickler und anschließend nach kurzem Abspülen in Dokumol entwickelt werden. Als Entwicklungszeiten kann man jeweils etwa eine Minute wählen, wobei sich die Zeit für Pyrogallol auf die frisch angesetzte Lösung bezieht. Derart entwickelte Hologramme liefern Bilder in einer leuchtendgrünen Farbe und sind ebenfalls lichtunempfindlich.

Alle erwähnten Chemikalien sind (wie auch viele andere Fotochemikalien) giftig. Man sollte mit ihnen sehr sorgfältig umgehen, direkten Hautkontakt vermeiden und nur mit einer Fotozange arbeiten. Fotochemikalien aus Amateurdunkelkammern stellen eine erhebliche Belastung der Abwässer dar. Man sollte daher versuchen, mit möglichst geringen Mengen auszukommen und die verbrauchten Chemikalien niemals einfach in den Abfluß schütten.

Verwendet man statt der üblichen Fotoschalen kleine Kunststoffschälchen, wie sie für das Einfrieren von Tiefkühlkost angeboten werden, so ist das billiger und umweltschonend. Ein 11×11-cm-Schälchen reicht für die Verarbeitung von Halbformatogrammen (6×10 cm) völlig aus. Man benötigt in jedem Arbeitsgang nur ca. 80 ml Flüssigkeit. Dokumol und die Bleichsäure können Sie zur Verarbeitung von Dutzenden von Hologrammen verwenden und auch gebraucht wochenlang (Dokumol) bzw. unbegrenzt aufbewahren. Besorgen Sie sich Plastikkanister, und füllen Sie die verbrauchten Chemikalien dort hinein. Ein 5-l-Plastikkanister kostet ein paar Mark und kann bei bewußt sparsamem Chemikalienverbrauch eine Jahresproduktion ihrer

Abfallgifte aufnehmen. Den vollen Kanister geben Sie dann bei der nächstgelegenen Sondermülldeponie ab.

Die „Rezepturen" für die hier beschriebenen und für alternative Entwicklungs- und Bleichflüssigkeiten sind im Anhang nochmals zusammengestellt.

Die Vorbereitung des Aufnahmegegenstands

Genauso wichtig wie die Lösung aller optischen, feinmechanischen und chemischen Probleme ist für die Herstellung eines einwandfreien Hologramms die richtige Vorbereitung des aufzunehmenden Gegenstands. Obwohl sich aus den bisher durchgeführten Überlegungen die wichtigsten Gesichtspunkte bereits ergeben haben, sollen diese hier noch einmal zusammengestellt werden:

1. Größe des Objekts. Da holographische Aufnahmen Abbildungen im natürlichen Maßstab ergeben, darf das Objekt, insbesondere bei den bis jetzt besprochenen Weißlichthologrammen, nicht größer als das verwendete Filmstück sein. Das gilt nicht mehr so streng bei den später zu besprechenden Lasertransmissionshologrammen.

2. Tiefe des Objekts. Die optische Tiefe der hier besprochenen Hologramme ist auf 5 bis 7 cm beschränkt. Je weiter ein Objektteil bei der Aufnahme von der Filmebene entfernt ist, desto lichtschwächer und unschärfer wirkt er bei der Wiedergabe.

3. Das Material. Weiche Materialien wie Papier, Textilien, Pflanzenteile und Kunststoffolien sind zum Holographieren ungeeignet. Solche Materialien sind einfach nicht starr genug. Ein Objekt sollte aus Metall, hartem Kunststoff oder Holz bestehen. Die Verbindung zwischen verschiedenen Objektteilen muß drch und biegesteif sein. Geklebte oder verschraubte Verbindungen sind am besten geeignet.

4. Die Farbe. Hologramme dunkler Gegestände werden im Gegensatz zur normalen Fotografie durch längere Belichtungszeiten nicht heller, da für die Helligkeit das Intensitätsverhältnis zwischen Referenzstrahl und Objektstrahl ausschlaggebend ist. Das Objekt sollte daher möglichst „strahlend" weiß gefärbt sein. Die beste Reflexion erhält man mit Aluminiumbronze. Diese Reflexe gehen allerdings nur in eine Richtung. Wenn sie bei der Aufnahme nicht auf den Film fallen, ist die Bronzierung eher ungünstig. Allgemein gilt, daß sich gewölbte Flächen zum Bronzieren nicht eignen, da hier nur ein kleiner Teil der Reflexe den Film erreichen kann. Die direkte Reflexion von Metallteilen ergibt eine Überbelichtung und damit ein stellenweise undeutliches Hologramm. Solche Stellen des Objekts müssen eventuell mattiert werden (durch Besprühen mit speziellem Spray, der in Fotohandlungen erhältlich ist, oder durch Bestäuben mit Mehl oder ähnlichem).

5. *Der Hintergrund.* Ein Objekt wirkt häufig vor einem hellen Hintergrund besser als vor einem dunklen. Als Hintergrund kann eine helle Plastikscheibe oder eine mit Aluminiumbronze bestrichene, senkrecht gestellte Glasplatte dienen. Sie sollte nicht weiter als 6 bis 7 cm vom Filmhalter entfernt aufgestellt werden. Vor einem solchen Hintergrund kann man auch einmal versuchen, ein an sich nicht holographierbares Objekt, wie eine Blume o. ä., aufzunehmen. Da sich ein derartiges Objekt immer etwas bewegt, erscheint es dunkel vor einem hellen Hintergrund. Solche „Shadowgramme" sind manchmal ganz reizvoll.

6. *Die Aufstellung.* Das solideste Objekt kann nicht aufgenommen werden, wenn es nicht richtig aufgestellt ist. Es ist sinnlos, ein Modellflugzeug auf einer feinen Spitze balancierend aufzunehmen, um es wie im Flug erscheinen zu lassen. Auch Teile der Aufhängung gehören mit zum Objekt, und daher müssen auch hier starre Verbindungen vorliegen. Sollen diese Teile unsichtbar bleiben, muß man sie entweder schwarz einfärben oder mit schwarzem Papier abdecken. Zum Fixieren auf unserer Objektplattform verwendet man am besten etwas Haftmasse („Haftis"), die an mehreren Stellen, an denen das Objekt die Plattform berührt, dünn aufgebracht wird. Durch Aneinanderdrücken kann dann das Objekt auf der Plattform fixiert werden, ist aber trotzdem nach der Aufnahme wieder einfach abzulösen.

Aufnahme und Entwicklung

Wenn Sie den in den letzten Kapiteln beschriebenen Aufbau durchgeführt, die entsprechenden Chemikalien besorgt und Ihr Objekt richtig präpariert haben, dann kann es eigentlich losgehen. Schalten Sie Ihren Laser schon ein, um ihn etwas warmlaufen zu lassen, und decken Sie die Strahlaustrittsöffnung mit einem dicken dunklen Tuch oder einem Pappstück ab.

Stecken Sie ein Stück Papier oder einen alten Filmstreifen zwischen die Glasplatten im Plattenhalter. Das hält die Glasplatten auseinander, und Sie

> Grünfilterfolie (zum doppelten Abdecken einer Lampe).
> 4 bis 5 Kunststoffschälchen (mind. 12×10 cm).
> Eine Fotozange
> Ein 10-Liter-Eimer
> Ein Haartrockner
> Zwei Meßbecher (Mensuren) für 100 ml.
> Zwei Plastikkanister für verbrauchten Entwickler bzw. Bleichmittel.
> 4 bis 5 Kunststoffflaschen 0,5 l bis 1l zur Aufbewahrung von Entwickler- und Bleichmittel.
> Eine Schere zum Zerschneiden des Films.
> Eine Uhr mit Sekundenzeiger und Sekundentick zum Messen der Belichtungs- und Entwicklungszeit.

Tabelle 3   Ausrüstung für den Entwicklungs- und Bleichraum

können später den Holographiefilm problemlos einlegen. Auf dem Verarbeitungstisch sollten das Schälchen mit dem Entwickler, ein kleiner Behälter mit Wasser und ein 10-l-Eimer mit Wasser stehen. In dem Raum, in dem sich der Wasseranschluß befindet (das kann durchaus ein Nebenraum sein), stellen Sie das Schälchen mit der Bleichflüssigkeit und eine Schale mit einem Netzmittel (Wasser mit Agepon oder einigen Tropfen Pril) auf. Eine etwas größere Schale oder Schüssel sollte sich im Abfluß unter dem Wasserhahn befinden (s. Abb. 23).

Im Aufnahmeraum nehmen Sie bei möglichst schwacher grüner Sicherheitsbeleuchtung ein Planfilmstück aus der Verpackung. Seien Sie zunächst noch vorsichtig; falls Ihre Dunkelkammerbeleuchtung doch nicht die richtige Wellenlänge besitzt, sollte nicht die ganze Packung verdorben werden. Dabei sollten Sie Baumwollhandschuhe, wie sie in jedem Fotogeschäft zu kaufen sind, zumindest an derjenigen Hand tragen, mit der Sie die Filmstücke fest anfassen. Tasten Sie nun am Rand des Filmstücks entlang. Sie werden an einer der kurzen Seiten eine Kerbe finden. Falls sich diese Kerbe rechts unten oder links oben befindet, weist die empfindliche Filmschicht von Ihnen weg. Wenn Sie das Filmstück jetzt zerschneiden, legen Sie die Teilstücke mit der empfindlichen Schicht nach unten weg, so daß Sie später wissen, wo sich diese befindet. Eine Papplehre, die über das Filmstück gelegt wird, ist hilfreich, um auch bei schwacher Beleuch-

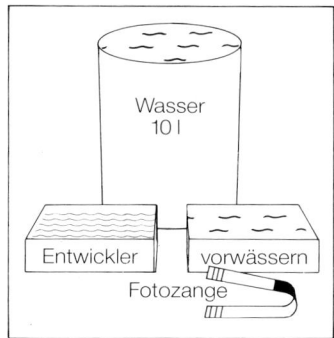 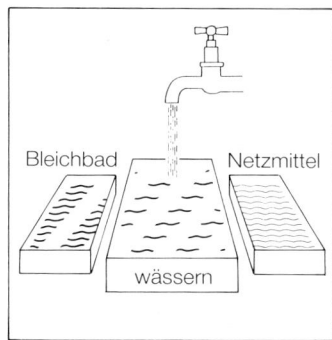

Abbildung 23 Kontrollieren Sie vor der Aufnahme, ob alle Gegenstände auf dem Entwicklungstisch vorhanden sind. Achten Sie auf die Anordnung, damit Sie sich auch im Dunkeln leicht zurechtfinden. Auch im Raum, in dem die Hologramme gebleicht und gewässert werden sollen, müssen alle benötigten Gegenstände in greifbarer Nähe sein.

tung gleich große Teilstücke abzuschneiden. Stecken Sie nun das vorgesehene Filmstück mit der empfindlichen Schicht zum Objekt hin gerichtet zwischen die Glasplatten.

Achten Sie dabei darauf, daß der Film bis zum unteren Rand der Glasplatten reicht, und pressen Sie dann die Glasplatten mit Hilfe der Stellschraube des Halters zusammen. Warten Sie dann noch zwei bis drei Minuten; in dieser Zeit gleichen sich die Spannungen der Glasplatten bzw. Temperaturunterschiede aus, und der Film steht dann wirklich still.

Jetzt kommt der kritische Moment: Im Raum sollte es so ruhig wie möglich sein. Halten Sie Ihre Hand oder ein Stück Pappe unmittelbar vor die Aufweiterlinse, ohne sie zu berühren. Dann entfernen Sie das dunkle Tuch vom Laser und warten noch einige Sekunden, bis sich die dadurch ausgelösten Erschütterungen gelegt haben. Nun erst geben Sie den Strahl für die Belichtung mit der anderen Hand frei. Nach 2 bis 4 Sekunden (beim 5-mW-Laser) bzw. 7 bis 20 Sekunden (beim 1-mW-Laser) blockieren Sie den Strahl wieder mit der Hand und decken dann den Laser wieder ab. Dann nehmen Sie den Film vorsichtig aus dem Plattenhalter und legen ihn mit der empfindlichen Seite nach oben in das Entwicklerschälchen. Achten Sie darauf, daß das Filmstück vollständig von der Flüssigkeit bedeckt wird. Schwenken Sie das Schälchen vorsichtig hin und her, um eine gleichmäßige Entwicklung zu erreichen. Nach 1,5 bis 2 Minuten nehmen Sie den Film heraus, spülen ihn kurz in der Wasserschale ab und schwenken ihn dann 1 bis 2 Minuten mit der Fotozange im Wassereimer. Die Wasserschale hat dabei den Zweck, bei der Entwicklung von mehreren Hologrammen eine schnelle Verschmutzung des Wassers im Eimer zu verhindern.

Nach dem ersten Wässern kann das Licht angemacht werden (Vorsicht: die Schachtel mit dem Filmmaterial vorher schließen!), oder man kann mit dem Film in den Raum mit fließendem Wasser und der Bleichflüssigkeit gehen. Jetzt wird das Filmstück in der Bleichflüssigkeit ebenfalls unter Schwenken 1 bis 2 Minuten gebleicht. Das Hologramm ist danach wieder klar geworden, hat aber bei der Entwicklung mit Pyrogallol einen gelborangen Ton. Nach dem Bleichen folgt die Schlußwässerung in fließendem Wasser. Sie sollte mehrere Minuten dauern, da die benutzten Chemikalien aus der Gelatineschicht herausgewaschen werden müssen. Auf dem nassen Hologramm ist danach auch bei richtiger Beleuchtung noch keine Spur eines Abbilds des Objektes zu entdecken. Das ist auf die starke Quellung der nassen Gelatineschicht zurückzuführen. Trotzdem kann man schon jetzt überprüfen, ob das Hologramm geglückt ist. Dazu betrachtet man es in Transmission, d. h., man hält es seitlich versetzt zwischen sich und eine Lampe; unter einem geeigneten Winkel sollte man das Objekt fast achromatisch (d. h. weiß) sehen. Jetzt legt man das Hologramm noch für ungefähr eine Minute in das Netzmittel. Dieses soll, wie ein Spülmittel beim Geschirr, das Entstehen von Kalkflecken beim Trocknen verhindern. Mit einem Haartrockner kann der Trockenvorgang erheblich beschleunigt werden. Beleuchtet man das Hologramm während des Trockenvorgangs, bei dem die warme Luft aus nicht zu kurzer Entfernung immer aus derselben

---

Bei grüner Beleuchtung
1. 1 bis 2 min entwickeln in Dokumol oder Pyrogaliolentwickler.
2. 1 min wässern durch Schwenken im 10-l-Eimer.

Danach:

Bei normaler Beleuchtung
3. Bleichen, bis das Hologramm klar ist (1 bis 2 min).
4. Mehrere Minuten in fließendem Wasser wässern.
5. 1 min in Netzmittel wässern (Prilwasser oder Agepon).
6. Trocknen. Erst nach dem Trocknen ist das holographische Bild sichtbar!

Tabelle 4 Verarbeitung bei Reflexionshologrammen

Richtung schräg von oben streifend auf das Filmstück treffen sollte, so sieht man, wie das Bild sich Stück für Stück enthüllt. Beendet man den Trockenvorgang zu früh, so bleiben eventuell noch Teile des Hologramms unsichtbar, und man glaubt an einen Aufnahmefehler. In diesem Fall muß einfach die Trocknung fortgesetzt werden. Direkt nach dem Trocknen hat das rekonstruierte Bild eine dunkelgrüne oder sogar blaugrüne Farbe (bei Dokumol-Entwicklung). Nach dem Abkühlen verschiebt sich die Farbe aber insbesondere bei der Pyrogallol-Entwicklung ins Gelbgrüne bzw. Gelborange.

Betrachtung des Hologramms

Bei der Beleuchtung und Betrachtung des Hologramms sollte man einige einfache Regeln einhalten:

1. Richtung der Beleuchtung. Das Hologramm muß immer aus derselben Richtung beleuchtet werden, aus der bei der Aufnahme der Laser-

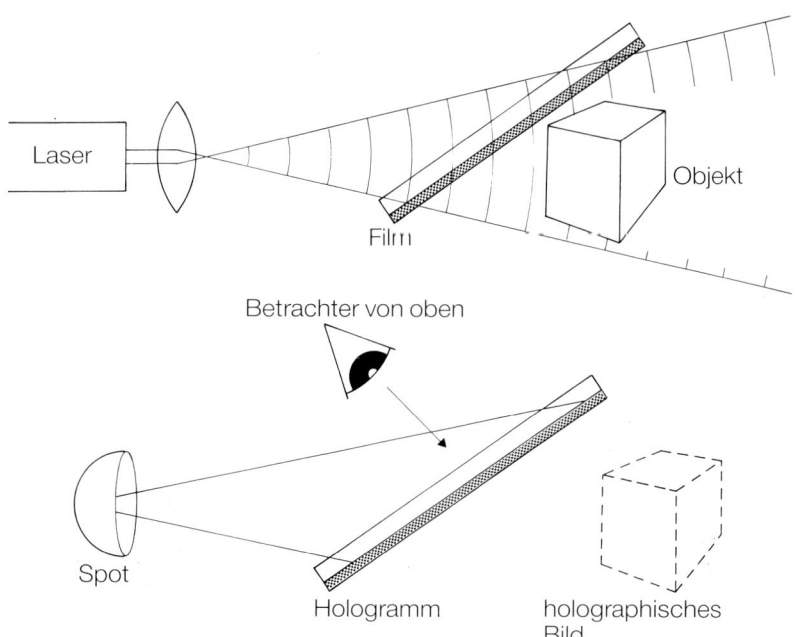

Abbildung 24 Die Beleuchtungsrichtung bei der Aufnahme und Wiedergabe von Reflexionshologrammen sollte möglichst gleich sein.

strahl kam (Abb. 24). Sonst sieht man entweder überhaupt nichts, oder der abgebildete Gegenstand scheint mehr oder weniger verzerrt.

2. Beleuchtung. Die Lichtquelle sollte möglichst hell und punktförmig sein. Sehr günstig ist ein kleiner Halogenspot, der Strahl eines Diaprojektors oder direktes Sonnenlicht. Aber auch eine klare Glühbirne liefert befriedigende Ergebnisse. Je ausgedehnter die Lichtquelle ist, desto unschärfer wird das Bild. Dabei wird die Unschärfe um so größer, je weiter der entsprechende Gegenstandsteil von der Filmebene entfernt zu sein scheint. Erschrecken Sie also nicht, wenn der Gegenstand auf Ihrem Hologramm nur verschwommen wahrzunehmen ist; in den meisten Fällen liegt das nicht am Hologramm, sondern an der Beleuchtung. Sollte Ihr Hologrammbild eine grüngelbe oder orange Farbe zeigen, was bei der Pyrogallol-Entwicklung meist der Fall ist, so können Sie das Hologramm auch mit Hilfe Ihres Lasers betrachten. Hier ist das Bild vom Vorder- bis in den Hintergrund völlig scharf zu sehen. Allerdings ist der mögliche Beleuchtungswinkel stärker eingeschränkt als bei weißen Lichtquellen.

3. Hintergrund. Beleuchten Sie das Hologramm nur vor einem dunklen Hintergrund, um einen optimalen Kontrast zu erhalten. Günstig ist es, das Hologramm auf schwarzen Plakatkarton oder auf Scherenschnittpapier zu legen. Manche Holographen sprühen das Hologramm auf der dem Betrachter abgewandten Seite sogar mit schwarzem Lack ein. Bei dem bisher besprochenen Aufnahmeverfahren wäre das allerdings die empfindliche Schicht, man sollte daher zuerst ausprobieren, ob diese den verwendeten Lack und das Lösungsmittel verträgt.

Fehlerquellen bei der Aufnahme

Sollte der Gegenstand trotz optimaler Beleuchtung des Hologramms gar nicht, zu dunkel oder nur schemenhaft zu sehen sein, oder weist er dunkle Flecken oder Streifen auf, dann haben Sie bei der Aufnahme oder Entwicklung Fehler gemacht. Hier sollen jetzt die am häufigsten gemachten Fehler behandelt werden; es soll besprochen werden, wie sich diese Fehler äußern und wie sie vermieden werden können.

1. Unterschiedliche Intensität. Wenn das Hologramm das aufgenommene Objekt in einem Teil hell und deutlich zeigt, während der andere Hologrammteil völlig dunkel zu sein scheint, ist das Hologramm vielleicht noch nicht ganz getrocknet; nach kurzer Warmluftbehandlung sollte der Fehler behoben sein.

2. Schlieren. Ist das Bild von farbigen Schlieren durchsetzt, so liegt das an unzureichender Bewegung während des Bleichvorgangs oder an falscher Wässerung. Achten Sie darauf, daß sich das ganze Filmstück nach dem Bleichen völlig im Wasser befindet; halten Sie es nicht einfach unter einen Wasserhahn.

3. Ungewöhnliche Färbung. Zeigt sich das Bild in einer flauen, rötlichbraunen Farbe, so war entweder die Entwicklungszeit zu kurz oder das Entwicklerbad ist erschöpft. Auch eine zu kurze Belichtungszeit könnte die Ursache sein.

4. Weiße Flecken. Wenn das Hologramm mit einer weißlichen Schicht oder mit Flecken überzogen ist, dann haben Sie möglicherweise das Netzmittel vergessen, und es handelt sich um Rückstände des Leitungswassers. Eine andere Erklärung ist, daß Sie das Bleichbad mit Leitungswasser oder nicht ausreichend demineralisiertem Wasser angesetzt haben. In diesem Fall bildet sich während des Bleichvorgangs ein Niederschlag von unlöslichem Silberchlorid. Die Bleichflüssigkeit wird dann milchig trüb, und der Niederschlag setzt sich auf dem Hologramm ab und läßt sich auch durch Wässern nicht mehr entfernen. Schütten Sie das Bleichbad nicht weg, sondern warten Sie, bis sich nach etwa einem Tag der Niederschlag abgesetzt hat. Dann schütten Sie die klare Bleichflüssigkeit vorsichtig ab. Da die Chlorionen sich im Niederschlag befinden, kann die klare Flüssigkeit von jetzt ab weiterverwendet werden.

5. Bewegung des Films bei der Aufnahme. Der am häufigsten auftretende Fehler liegt vor, wenn das Hologramm bei der Beleuchtung dunkle Flecken und Streifen aufzuweisen scheint, und zwischen diesen dunklen Stellen der Gegenstand vollständig zu sehen ist. In diesem Fall hat sich der Film während der Aufnahme bewegt. Entweder haben Sie nach dem Einspannen des Films zwischen die Glasplatte nicht lange genug (mindestens zwei Minuten) gewartet, oder Sie haben den Film nicht richtig eingespannt. Unter Umständen war der Druck auf die Glasplatten nicht stark genug, oder das Filmstück hatte nicht bis zum Plattenhalter hin in voller Länge zwischen den Glasplatten gesteckt. Diese klaffen dann am oberen Ende etwas auseinander, und der Film kann sich an diesen Stellen bewegen. Wenn die Glasplatten sehr groß sind, müssen sie gegebenenfalls am oberen Ende durch eine weitere Klammer zusammengepreßt werden.

6. Bewegung des Gegenstands. Hat sich während der Aufnahme nicht der Film, sondern nur der Gegenstand bewegt, so erscheinen die dunklen Stellen nicht auf dem Hologramm, sondern auf dem abgebildeten Objekt. In besonders schweren Fällen ist vom Objekt gar nichts oder vielleicht nur der Fußteil zu sehen. Die Filmhalterung ist aber abgebildet. Bei diesem Fehler hilft es, das Objekt am Objekttisch mit etwas Haftmasse zu befestigen und danach einige Minuten zu warten, bis sich die Haftmasse beruhigt hat.

7. Störende Reflexe. In manchen Fällen ist das Hologramm an einigen Stellen deutlich stärker belichtet als an anderen. Im rekonstruierten Bild erscheint dann dort ein Gewirr von feinen dunklen Linien, die das Objekt etwas verdunkeln, oder man sieht unter einem bestimmten Winkel schimmernde Reflexe. Für diese sind dann Reflexionen verantwortlich, die vom seitlich aufgestellten Spiegel von der Objektseite her auf den Film gelangt sind. Auf weißem Papier, das vor der Aufnahme in die entsprechende Richtung neben die Objektplattform gehalten wird, kann man diese Reflexionen des Laserstrahls sehen und sie durch eine entsprechende Spiegeleinstellung verhindern. Die feinen dunklen Linien dagegen sind auf die bereits vorher erwähnten internen Reflexe in den Glasplatten zurückzuführen. Entweder steht der Plattenhalter dann nicht im richtigen Winkel zum Strahl, oder der Strahl hat nicht die korrekte Polarisationsrichtung (siehe Abschnitt „Vermeiden von Reflexionen").

Natürlich können auch andere Fehlerquellen oder Kombinationen der beschriebenen Fehler vorkommen. Wie in anderen Hobbys spielt auch bei der Holographie die Erfahrung eine wichtige Rolle. Man darf die Flinte nicht gleich nach ein paar anfänglichen Mißerfolgen ins Korn werfen. Andererseits muß man sich darüber im klaren sein, daß das Gelingen einer Hologrammaufnahme nur bei einem soliden Aufbau und bei sorgfältigem Arbeiten erwartet werden kann. Pfusch und Improvisation wirken sich hier schneller und schlimmer aus als bei vielen anderen Tätigkeiten.

Spiel mit Farben

Die fertigen Weißlichthologramme zeigen bei richtiger Beleuchtung je nach Entwicklungsverfahren unterschiedliche Farbtöne. Viele Leute sind daher erstaunt, wenn sie erfahren, daß das holographische Fotomaterial eigentlich Schwarzweißmaterial ist. Wie bereits im Kapitel „Weißlichthologramme" angedeutet wurde, kommen die Farben dadurch zustande, daß bei der Aufnahme in der lichtempfindlichen Filmschicht eine räumliche Struktur entstanden ist, die die Wellenlänge des Laserlichts „gespeichert" hat. Man kann sich das so vorstellen, daß die holographische Information in 20 bis 30 parallelen Ebenen enthalten ist, deren Abstand bei der Wiedergabe des Hologramms der Wellenlänge des Lichts entsprechen muß. Da die Wellenlänge des Lichts eine Farbe bestimmt, sollte eigentlich die Farbe des holographischen Bildes mit der des roten Laserlichts bei der Aufnahme übereinstimmen. Bei den hier vorgestellten Verarbeitungsverfahren schrumpft aber die Fotoschicht (lichtempfindliche Emulsion), und dadurch verringert sich der Abstand der Informationsebenen. Dieser verkürzte Abstand entspricht dann dem kurzwelligeren orangen, grüngelben oder grünen Licht, in dem wir das Bild sehen. Da in weißem Licht alle Farben vertreten sind, kann sich das Hologramm bei der Beleuchtung aus diesem reichhaltigen Angebot immer die zu seiner internen Struktur passende Wellenlänge bzw. Farbe heraussuchen. Beleuchtet man ein Reflexionshologramm mit rotem Laserlicht, so erhält man insbesondere bei Dokumol-Entwicklung eine nur sehr schwache Rekonstruktion.

Da die Schichtdickenänderung der Emulsion des Fotomaterials zwischen Aufnahme und Wiedergabe die Farbe verändert, kann diese Eigenschaft durch entsprechende Behandlung des Films beeinflußt werden. Ein grün reflektierendes Hologramm erhält durch Anhauchen der empfindlichen Schicht kurzzeitig eine mehr im Rötlichen liegende Farbe, weil die Fotoschicht durch Feuchtigkeitsaufnahme quillt. Das Hologramm kann dann auch im aufgeweiteten Laserstrahl betrachtet werden. Nach kurzer Zeit trocknet die Schicht allerdings wieder, und die Färbung geht auf den ursprünglichen Ton zurück.

Eine dauerhafte Farbverschiebung kann dadurch erzielt werden, daß das Hologramm vor dem Trocknen in einer 5prozentigen Lösung von Triäthanolamin oder Glyzerin etwa 1 bis 2 Minuten gebadet wird. Die anschließende Trocknung darf in diesem Fall allerdings nicht durch ein Warmluftgebläse beschleunigt werden. Der Nachteil dieser Methode besteht darin, daß das Hologramm durch die Triäthanolaminbehandlung wieder lichtempfindlicher wird. Insbesondere im Sonnenlicht dunkeln solche Hologramme stark nach. Bleicht man die Dunklung erneut heraus, so wird gleichzeitig auch das Quellmittel entfernt, und die Rotfärbung verschwindet wieder. Trotzdem werden wir gleich noch eine wichtige Anwendung des Quellverfahrens kennenlernen.

Badet man den unbelichteten Film in der Quellmittellösung, läßt ihn trocknen und nimmt dann das Hologramm auf, so bildet sich die Interferenzstruktur in einer stark gequollenen Fotoschicht. Beim anschließenden Entwickeln und Bleichen wird das Quellmittel herausgewaschen, und die Schichtdickenschrumpfung ist viel größer als im Normalfall. Das rekonstruierte Bild ist blau bis blauviolett.

Erfahrene Holographen sind in der Lage, mit Hilfe solcher Tricks und durch Mehrfachbelichtungen in einem Hologramm mehrere Farben zu vereinigen (es ist hier nicht von sog. Regenbogenhologrammen die Rede!). Diese Farben haben selbstverständlich nichts mit den ursprünglichen Objektfarben zu tun.

Auch die zunächst unerklärlichen Farbunterschiede, die an Hologrammen zu bemerken sind, welche an verschiedenen Tagen mit identischer Belichtung und gleicher Verarbeitung hergestellt wurden, sind auf unterschiedliche Schichtdicken bei der Aufnahme zurückzuführen, für die Luftfeuchtigkeit und Temperatureinflüsse verantwortlich sind.

Das Bild entsteht vor der Filmebene

Wenn Sie inzwischen mit Hilfe der hier gegebenen Anleitung Ihre ersten Hologramme aufgenommen haben, dann ist Ihnen sicher aufgefallen, daß das abgebildete Objekt hinter der Filmebene zu stehen scheint. Im Gegensatz dazu befindet sich das Bild bei den meisten in Ausstellungen gezeigten, professionell hergestellten Hologrammen ganz oder teilweise vor der Filmebene. Diese Hologramme werden als Bildebenenhologramme bezeichnet.

Drehen Sie Ihr eigenes Hologramm einmal herum und beleuchten Sie es von der Seite, die bei der Aufnahme zum Objekt zeigte. Das Bild scheint nun auch vor der Filmebene zu liegen, hat aber ein seltsam verändertes Aussehen. Wenn man eine gewölbte Form aufgenommen hat, scheint diese jetzt umgestülpt zu sein (Abb. 25). Das Bild verhält sich zum Objekt wie ein Gipsabdruck zum Original. Man nennt ein derartiges Bild „pseudoskopisch" (siehe auch Kapitel „Was bei der Hologrammwiedergabe geschieht").

Die merkwürdigste Eigenschaft des pseudoskopischen Bildes ist es aber, daß bei ihm eine entsprechende Änderung der Blickrichtung zu einer Ver-

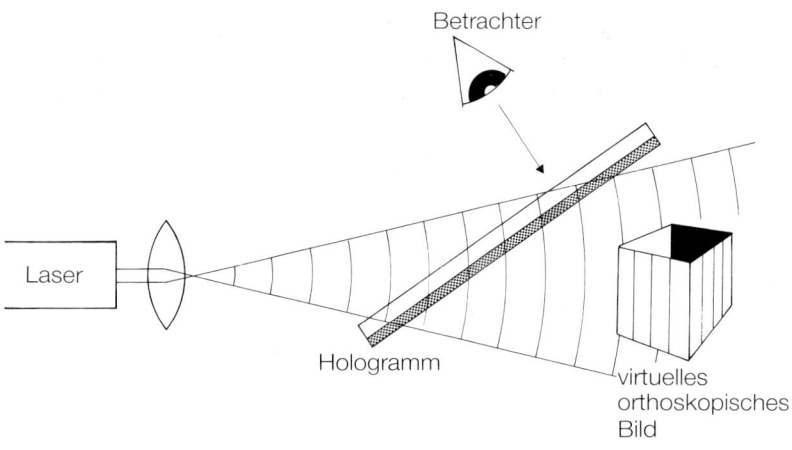

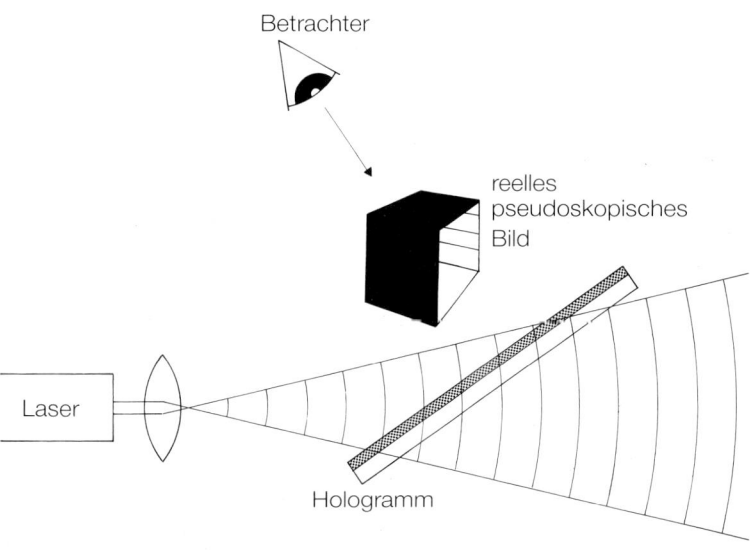

Abbildung 25 Betrachtung des virtuellen orthoskopischen Bildes (oben) und des reellen pseudoskopischen Bildes (unten). Orthoskopisch heißt soviel wie „richtige Sicht". Dieses Bild stimmt mit dem aufgenommenen Objekt überein. Dreht man das Hologramm so, daß man auf die Seite sieht, die bei der Aufnahme zum Objekt gerichtet war, so sieht man das pseudoskopische Bild. Es ist reell, steht also vor dem Hologramm, aber vorn und hinten, innen und außen sind vertauscht. Es ist oft schwierig, dieses Bild räumlich wahrzunehmen.

deckung des Vordergrunds durch den Hintergrund führt. Da das menschliche Gehirn mit einer derart paradoxen Information nichts anfangen kann, erscheinen die meisten dieser Bilder dem Beobachter seltsam flach zu sein.

Bei einigermaßen hellen Hologrammen können Sie feststellen, daß das pseudoskopische Bild reell ist. Reell nennt man Bilder, die man auf einem Schirm, einer Mattscheibe oder einem Film auffangen kann. Wenn Sie ein Stück Transparentpapier im richtigen Abstand so vor das Hologramm halten, daß der beleuchtende Lichtstrahl nicht blockiert wird, können Sie das holographische Bild bzw. Teile davon auf dem Transparentpapier entdecken. Allerdings ist diese Erscheinung nicht sehr lichtstark und muß daher in einem dunklen Raum beobachtet werden.

Statt auf Transparentpapier kann man das reelle Bild natürlich auch auf einen holographischen Film fallen lassen. Mit anderen Worten: Man kann von dem reellen Hologrammbild wieder ein Hologramm machen. Mit dem in dieser zweiten Stufe erzeugten reellen Bild passiert nun dasselbe wie mit einem Gipsabdruck, der selbst von einem Gipsabdruck abgenommen wurde: Es hat wieder ein normales Aussehen. Fast alle Hologramme, bei denen das Bild ganz oder teilweise vor der Filmebene liegt, werden mit Hilfe eines derartigen Verfahrens in zwei Stufen gefertigt. Ein mit dem beschriebenen Verfahren aufgenommenes Hologramm ist in Abb. 26 gezeigt. Auf größeren Anlagen wird das Hologramm der ersten Stufe, das auch Masterhologramm heißt, normalerweise als Lasertransmissionsholo-

Abbildung 26   Ein Bildebenenhologramm (im Original 6×10 cm), das vom Autor mit dem hier beschriebenen Zweistufenverfahren hergestellt wurde. Das Bild der Krabbe liegt teils vor, teils hinter der Filmebene. Die beiden Aufnahmen zeigen, daß die Beinchen der Krabbe je nach Blickrichtung durch die Lupe vergrößert oder an der Lupe vorbei in Normalgröße zu sehen sind.

gramm angefertigt. Der Grund dafür liegt in einer besseren Kontrollierbarkeit von Helligkeit und Beleuchtung. Sie werden aber sehen, daß man mit etwas Erfahrung auch mit der einfachen Apparatur, die hier beschrieben ist, sehr schöne Bildebenenhologramme aufnehmen kann.

Wenn Sie ein Bildebenenhologramm herstellen wollen, müssen Sie darauf achten, daß das Masterhologramm der ersten Stufe gute Qualität besitzt. Damit ist natürlich insbesondere die Helligkeit gemeint. Notieren Sie vor der Aufnahme den Abstand des Films von der Objektmitte. Da mit dem angegebenen Entwicklungsverfahren die Reflexion im roten Laserlicht ziemlich schlecht ist, muß die Hologrammfarbe mit dem im letzten Kapitel besprochenen Triäthanolaminbad verändert werden. Dazu brauchen Sie etwas Geduld; wie schon erwähnt, darf der Film in diesem Fall nicht mit Warmluft getrocknet werden. Ob die Aktion gelungen ist, können Sie am besten dadurch prüfen, daß Sie das getrocknete Hologramm in den aufgeweiteten Laserstrahl halten. Hier ist zunächst einmal die Schärfe des Bildes beeindruckend. Entscheidend für den weiteren Erfolg ist aber, daß das Bild im Brewsterwinkel (siehe Kapitel „Vermeiden von Reflexionen") oder wenigstens ganz in der Nähe dieses Winkels gut rekonstruierbar ist.

Um dies zu kontrollieren, spannen Sie das Hologramm zwischen die Glasplatten in den Plattenhalter so ein, daß Sie das pseudoskopische Bild in Reflexion möglichst hell sehen. Überprüfen Sie jetzt, ob die Glasplatten im Brewsterwinkel stehen. Sollte das nicht der Fall sein, dann drehen Sie den Plattenhalter in diesen Winkel, indem Sie beobachten, wann die Reflexion an den Glasplatten minimal wird. Müssen dazu die Glasplatten in eine mehr parallele Richtung zum Laserstrahl gedreht werden, dann war die Quellung nicht stark genug, und das Bild ist im Brewsterwinkel nur schwach oder gar nicht zu sehen. Eventuell kann dieser Fehler behoben werden, indem das Hologramm auf seiner empfindlichen Schicht angehaucht und danach sofort wieder zwischen die Glasplatten gesteckt wird. Bei zusammengepreßten Glasplatten hält die Quellung durch Feuchtigkeit mehrere Stunden an. Wenn aber die Glasplatten in die andere Richtung gedreht werden müssen, um den Brewsterwinkel einzustellen, dann war die Quellung zu stark. Wenn das Bild in dieser Einstellung nicht mehr zu sehen ist, hilft vielleicht eine vorsichtige Wärmebehandlung (unempfindliche Schicht mit warmer Luft anblasen), wahrscheinlich muß der Quellvorgang aber wiederholt werden. Dazu wäscht man das Quellmittel durch eine Wässerung wieder aus dem Hologramm aus und verwendet dann eine etwas dünnere Lösung des gleichen Quellmittels. Natürlich kann das

Hologramm auch außerhalb des Brewsterwinkels aufgenommen werden. Allerdings ergeben sich dann die bereits besprochenen Probleme mit den internen Reflexionen.

Hat die Quellung den richtigen Betrag, und reflektiert das Hologramm im Brewsterwinkel, dann kann das reelle pseudoskopische Bild als Objekt für die zweite Stufe des Verfahrens dienen. Sie brauchen jetzt einen zusätzlichen Plattenhalter, der den unbelichteten Hologrammfilm aufnimmt. Stellen Sie diesen Plattenhalter parallel zum Halter des Masterhologramms zwischen diesem und dem Laser auf. Als Entfernung zwischen Masterhologramm und neuem Filmstück wählt man am besten den bei der Herstellung des Masterhologramms gemessenen Abstand zur Objektmitte. In die-

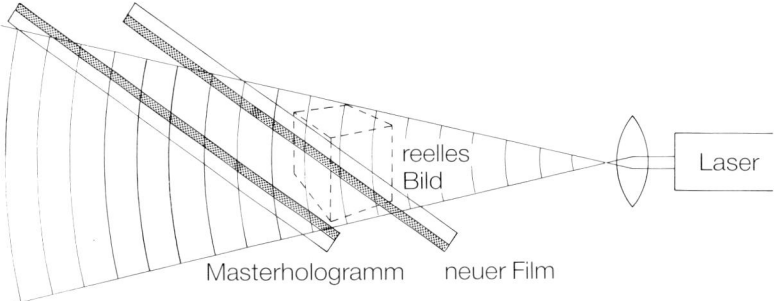

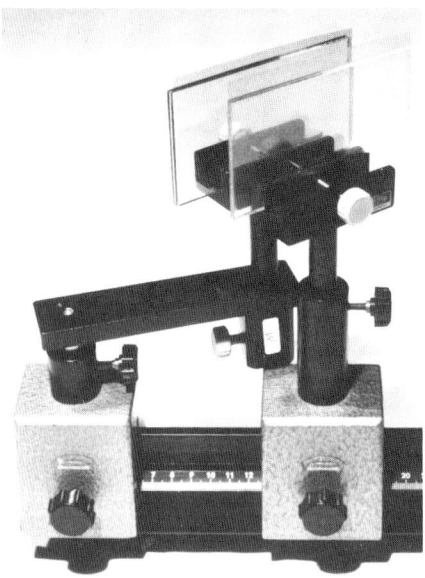

Abbildung 27 Aufnahme eines teilweise reellen Bildebenenhologramms. Das Masterhologramm nimmt jetzt die Stelle des Objektes ein. Es muß das pseudoskopisch-reelle Bild zu sehen sein. Masterhologramm und der Film für das neue Hologramm kehren einander die empfindliche Schicht zu. Das Foto zeigt die Anordnung von Masterhologramm (links auf dem Schwenkarm) und neuem Film (rechts).

sem Fall liegt im Bildebenenhologramm das Bild halb vor und halb hinter der Filmebene. Es ist nicht ratsam, das Bild durch einen zu großen Abstand zwischen Masterhologramm und Film zu weit vor die Filmebene zu verschieben. Man würde sich damit einen zu kleinen Blickwinkel sowie ein unscharfes und lichtschwaches Bild einhandeln. Eine einigermaßen genaue Kontrolle kann man sich durch einen Streifen Transparentpapier verschaffen, den man zunächst anstelle des Films zwischen die Glasplatten klemmt. Der dort scharf erscheinende Bildteil liegt dann später genau in der Filmebene. Wichtig ist es ferner, die Glasplatten im ersten Plattenhalter so weit seitlich zu verschieben, daß die Plattenkanten das Objekt nicht abschatten.

Wenn alle diese Vorbereitungen getroffen sind, spannen Sie den unbelichteten Film in den ersten Plattenhalter, wobei jetzt darauf geachtet werden muß, daß die beschichtete Seite zum Masterhologramm hinzeigt (Abb. 27). Die Wartezeit nach dem Einspannen sollte man gegenüber der Aufnahme normaler Hologramme verlängern. Im übrigen erfolgen Aufnahme und Verarbeitung wie in Kapitel „Aufnahme und Entwicklung" besprochen; die Zeiten bei der Belichtung und Verarbeitung bleiben unverändert.

Den Umweg über ein Masterhologramm kann man sich ersparen, wenn es möglich ist, von dem abzubildenden Objekt eine Hohlform herzustellen. Diese hat dann die Eigenschaften eines pseudoskopischen Bildes und wird anstelle des Masterhologramms holographiert; das reelle Bild der ersten Stufe hat direkt alle erwünschten Eigenschaften. Natürlich ist diese einfache Lösung nicht allzuoft gangbar, man kann schließlich von einer Szene mit mehreren Figuren keine Hohlform anfertigen.

Lasertransmissionshologramme

Wir hatten bei den in den ersten Kapiteln besprochenen Hologrammen betont, daß sie bei der Betrachtung wieder mit Laserlicht beleuchtet werden mußten. Die Lichtquelle befindet sich dabei vom Betrachter her gesehen auf der anderen Seite des Hologramms, so daß das Licht durch das Hologramm hindurchscheinen muß, um zum Betrachter zu gelangen. Da der Durchgang von Licht durch eine Substanz in der Optik als Transmission bezeichnet wird, heißen diese Hologramme dementsprechend „Transmissionshologramme". Heute sieht man diese Hologramme wegen der unbequemen Beleuchtungsmethode in Ausstellungen kaum mehr.

Daraus allerdings zu schließen, daß Transmissionshologramme nicht mehr hergestellt werden, wäre ein Trugschluß. Die Mehrzahl der in Forschung und Technik aufgenommenen Hologramme sind von diesem Typ. Außerdem werden sie bei professionell hergestellten Bildebenenhologrammen als Masterhologramme verwendet. Trotz des unbequemen Wiedergabeverfahrens haben Transmissionshologramme nämlich einige wichtige Vorteile gegenüber den Reflexionshologrammen. Der Hauptvorteil liegt in der großen erreichbaren optischen Tiefe, die in Extremfällen mehrere Meter betragen kann. Durch die Beleuchtung mit Laserlicht erscheint die ganze Szene deutlich und scharf. Die von Reflexionshologrammen gelieferten Bilder wirken im Vergleich dazu flach und unscharf.

Bei der Aufnahme von Transmissionshologrammen fallen Objekt- und Referenzstrahl von derselben Seite auf den Film. Üblicherweise wird das mit Hilfe von Strahlteilern und Umlenkspiegeln erreicht (siehe Abb. 6). Aber auch mit Hilfe unserer einfachen Apparatur ist es nach einigen kleinen Änderungen möglich, einfache Transmissionshologramme herzustellen.

Am einfachsten ist die Aufnahme durchsichtiger Objekte, also kleiner Glasfiguren, Taschenlampenbirnchen oder ähnlicher Dinge. Das Objekttischchen stellt man jetzt zwischen Laser und Plattenhalter auf, etwa 15 bis 30 cm von letzterem entfernt. Das Objekt muß dabei so hingestellt werden, daß der direkte Laserstrahl auf dem Film nicht zu sehr abgeschattet wird, daß aber die Reflexe, die vom Objekt zum Film gelangen, möglichst stark sind. Dazu muß das Objekttischchen eventuell etwas abgesenkt werden.

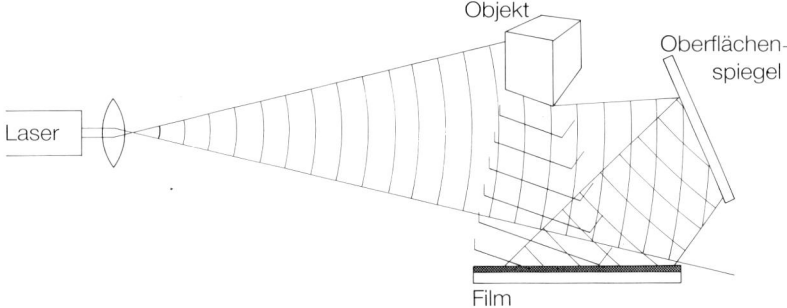

Abbildung 28   Mögliche Aufnahmeanordnung für ein Lasertransmissionshologramm. Der Plattenhalter steht neben der optischen Bank; der Reiter muß evtl. mit Haftmasse auf dem Basisbrett fixiert werden. Es ist darauf zu achten, daß der Spiegel, der den Referenzstrahl liefert, nicht zu stark vom Objekt abgeschattet wird.

Wenn undurchsichtige helle Objekte holographiert werden sollen, dann kann der Aufbau entsprechend der Abbildung 28 erfolgen. Der Plattenhalter steht jetzt neben der optischen Bank. In kritischen Fällen wird der Reiter für den Plattenhalter mit etwas Haftsubstanz auf dem Grundbrett verwacklungsfrei fixiert. Mit einem weißen Pappstück, das man an die Stelle des Films hält, muß überprüft werden, ob der Spiegel den Film völlig ausleuchten kann, oder ob das Objekt den Spiegel zu stark abschattet. Manchmal muß man die Aufstellung mit etwas Geduld umordnen. Und es kann empfehlenswert sein, die Größe des Hologramms auf ein Viertel eines Filmstücks zu beschränken. Das Halbformat ist bei dieser Anordnung nur schwer auszuleuchten. Der verwendete Spiegel sollte eine Oberflächenbeschichtung haben; steht nur ein normaler Taschenspiegel zur Verfügung, so erhält man ein durch Interferenzstreifen zebraartig gemustertes Hologramm, da an einem derartigen Spiegel praktisch zwei Referenzwellen entstehen. Die von der Glasoberfläche und die von der eigentlichen Spiegelschicht reflektierte Welle interferieren miteinander, und das entsprechende Hell-Dunkelmuster ist dem eigentlichen Hologramm überlagert.

Belichtung und Verarbeitung des Films können zunächst genauso wie bei Reflexionshologrammen erfolgen. Jedoch muß man insbesondere bei der Belichtungszeit etwas experimentieren. Sie ist in der Tendenz eher etwas länger zu wählen. Nach dem Entwickeln sind Transmissionshologramme sehr viel weniger geschwärzt als Reflexionshologramme. Hier kann man einmal eine Aufnahme wie eine normale Fotografie fixieren, um einen Vergleich zwischen fixierten und gebleichten Hologrammen ziehen zu können.

Eine weitere Variante bei der Entwicklung von Transmissionshologrammen besteht darin, das Hologramm zuerst in Dokumol zu entwickeln und es dann mit einem käuflichen Fixierer nach Vorschrift zu fixieren. Das fixierte Hologramm kann dann gebleicht werden, wobei allerdings auf keinen Fall das bisher vorgeschlagene Dichromat-Bleichmittel benutzt werden darf. (Da dieses Bleichmittel das entwickelte Silber herauslöst, und da durch das Fixieren das unentwickelte Silbersalz bereits beseitigt ist, würde man ein leeres Stück Filmträgerfolie erhalten.) Fixierte Hologramme müssen so gebleicht werden, daß das entwickelte Silber in ein durchsichtiges Silbersalz umgewandelt wird. Ein derartiges, für das Holotestmaterial geeignetes Bleichmittel erhält man, wenn man 30 g Kaliumbromid und 130 g Eisen(III)-nitrat in 1 l Wasser löst. Diese Lösung kann beim Gebrauch im Verhältnis 1:4 mit Wasser verdünnt werden.

Wenn das Hologramm fertig ist, kann man es in derselben Stellung in den Plattenhalter spannen, die es bei der Aufnahme einnahm. Schaut man nun durch das Hologramm, so sieht man zunächst scheinbar nur den Gegenstand. Nimmt man diesen dann weg, so sollte bei eingeschaltetem Laser an derselben Stelle immer noch das holographische Bild zu sehen sein.

Mit dem unaufgeweiteten Laserstrahl können einige aufschlußreiche Beobachtungen an Transmissionshologrammen gemacht werden. Hält man eine weiße Fläche in den Strahl und benutzt den roten Lichtpunkt als Lichtquelle zur Beleuchtung des Transmissionshologramms, so kann man, wenn Beleuchtungs- und Blickrichtung stimmen, ein verkleinertes Bild des Objektes sehen. Die Verkleinerung ist um so stärker, je näher das Hologramm an der Lichtquelle ist.

Hält man das Hologramm im richtigen Winkel in den Strahl, so kann man auf einer weißen Fläche das vorher bereits erwähnte reelle Bild des Objekts auffangen. Beleuchtet man nacheinander verschiedene Teile des Hologramms, so verändert sich die Perspektive des projizierten Bildes; auch hier macht sich also die Dreidimensionalität der holographischen Information bemerkbar. Um einen optimalen Eindruck zu erhalten, ist es bei all diesen Beobachtungen notwendig, mit Beleuchtungs- und Blickrichtung etwas zu experimentieren.

Eine der wichtigsten technischen Anwendungen der Holographie besteht in der Herstellung von sog. „holographisch-optischen Elementen" (HOE). Wir werden in einem späteren Kapitel noch darauf eingehen. HOE sind Hologramme, die keine Objekte zeigen, sondern Lichtstrahlen in genau definierter Weise beeinflussen. Ein derartiges Hologramm kann man mit dem eben besprochenen Aufbau herstellen, wenn das Objekt durch einen zweiten Spiegel ersetzt wird. Der Strahl des „Objektspiegels" sollte dabei möglichst senkrecht auf den Film auftreffen. Da Objekt- und Referenzwellen nun dieselbe gleichmäßige Struktur haben, resultiert, wie im Kapitel „Ein Hologramm entsteht" besprochen, ein Strichmuster, dessen Wirkung darin besteht, einen Laserstrahl abzulenken. Die Ablenkung entspricht dabei dem Winkel, den die beiden Wellen bei der Aufnahme einschließen. Besonders interessant ist die Wirkung eines derartigen holographischen Strichgitters auf weißes Licht. Da der Ablenkwinkel von der Wellenlänge abhängt, entsteht bei der Einstrahlung von weißem Licht ein vielfarbiges Spektrum: Wie bei einem Prisma oder einem Regenbogen wird weißes Licht also in seine Bestandteile zerlegt.

Belichtet man ein derartiges Hologramm doppelt, und dreht man den Film zwischen beiden Aufnahmen um 90 Grad, so entsteht ein „Kreuzgitter". Beim Betrachten weißer Lichtquellen durch ein Kreuzgitter sieht man ein besonders hübsches Farbenspiel.

Hologramme auf Normalfilm

Wer Spaß am Experimentieren hat, wird sicher einmal versuchen wollen, Hologramme auf normalem Filmmaterial aufzunehmen. Das geht! Aber, um es gleich vorweg zu sagen: Diese holographischen Bilder sind lichtschwach, unscharf und meistens nur schwer zu erkennen. Es ist kein Vergleich mit den gestochen scharfen, klaren und lichtstarken Holotesthologrammen möglich. Wenn Sie also nur aus Sparsamkeitsgründen eine Filmrolle für 2,50 DM anstatt dem teuren Spezialmaterial benutzen wollen, lassen Sie es besser bleiben. Es lohnt sich, wie gesagt, nur aus Spaß am Experimentieren.

Die entscheidende Eigenschaft, die das Holotestmaterial zur Hologrammaufnahme geeignet macht, ist die Fähigkeit, die mikroskopisch feinen Interferenzstrukturen aufzuzeichnen. Ein Maß für diese Fähigkeit ist die Anzahl der Linienpaare pro Millimeter (Lp/mm), die das Material auflösen kann. Stellen Sie sich ein Muster von gleich breiten, parallelen hellen und dunklen Streifen vor. Auf dem Holotest 8E75-Film können Sie (je nach Kontrast) 3000 bis 6000 Paare von hellen und dunklen Linien je Millimeter abbilden; ein Streifen ist dann nur noch ca. 0,1 μm breit. Ein hochauflösender Dokumentenfilm, wie z. B. Technical Pan 2415 von Kodak oder der (nur schwach rotempfindliche) Agfa-Ortho-Film, kommt dagegen nur auf 300 bis 400 Lp/mm. Eine feinere Struktur führt nur zu einer gleichmäßigen Schwärzung ohne Informationsgehalt. Hochauflösende Schwarzweißfilme wie Ilford Pan F oder Agfapan 25 können dagegen maximal 200 Lp/mm auflösen. Zwischen den Holotestmaterialien und einem hochauflösenden Normalfilm klaffen bezüglich des Auflösungsvermögens also Welten. Das ultrafeine Auflösungsvermögen von Holotest ist allerdings mit einer extrem niedrigen Lichtempfindlichkeit erkauft worden, so daß dieses Material für fast alle Anwendungen außerhalb der Holographie ungeeignet ist.

Bei Kenntnis der Wellenlänge von rotem Laserlicht kann man nun die Anforderungen an das Auflösungsvermögen des Aufnahmematerials ausrechnen. Es hängt im wesentlichen vom Winkel ab, unter dem die Objekt- und die Referenzwelle auf dem Film zusammentreffen. Bei Reflexionshologrammen sind das 180°, und die Auflösung des Films Holotest 8E75 reicht gerade aus, um die Interferenzstrukturen aufzuzeichnen. Im Gegensatz dazu fallen Objekt- und Referenzwelle bei Transmissionshologrammen auf dieselbe Filmseite, und der Winkel kann daher ziemlich klein gemacht werden. Kleine Winkel zwischen zwei Wellen ergeben aber grobe Interferenzmuster (siehe das Kapitel „Die Wellennatur des Lichts"). Das bedeutet, daß es unter geeignet gewählten Umständen möglich ist, Transmissionshologramme auch auf Normalfilm aufzunehmen. Allerdings muß dabei ein so kleiner Winkel zwischen den Wellen eingehalten werden, daß bei einem üblichen Aufbau das Objekt den Referenzstrahl abschatten würde. Man muß daher zu einem kleinen Trick greifen, der in Abb. 29 dargestellt ist. Der Strahl wird an einer Glasplatte reflektiert, hinter der das Objekt aufgestellt ist. Der Film wird so aufgestellt, daß von ihm aus gesehen die an der Glasplatte reflektierte Referenzwelle und die Objektwelle aus derselben Richtung kommen. Besser als eine normale Glasplatte wäre hier eine einseitig vergütete Strahlteilerplatte, die allerdings sehr teuer ist.

Als Objekte sind in diesem Fall nur gut reflektierende Gegenstände wie Münzen, Schraubenmuttern oder andere Metallteile geeignet. Der Hauptreflex des Objektes muß zum Film hin gerichtet sein.

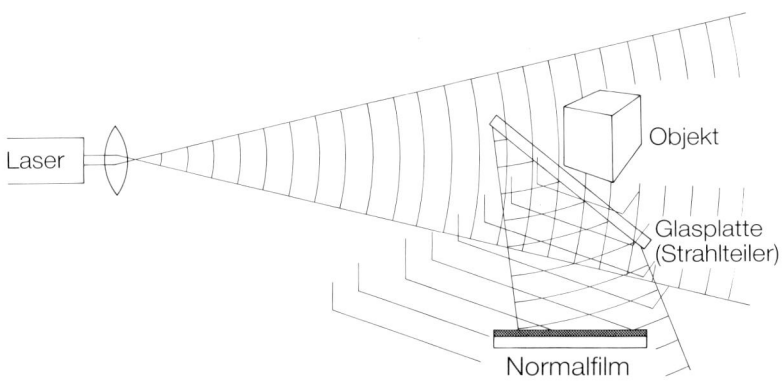

Abbildung 29 Hologramm mit Normalfilmmaterial. Um einen möglichst kleinen Winkel zwischen Objekt- und Referenzstrahl zu erreichen, steht das Objekt hinter einer Glasplatte, die gleichzeitig als Spiegel für den Referenzstrahl dient. Die Objekte sollten hellglänzend sein. Der Filmhalter steht wieder neben der optischen Bank.

Bei der Aufnahme und Verarbeitung muß man beachten, daß Normalfilm viel lichtempfindlicher als Holotestfilm ist. Von einem Kleinbild- oder Rollfilm schneidet man bei völliger Dunkelheit ein Stück ab und klemmt es zwischen die Glasplatten des Filmhalters. Da Normalfilm wegen diverser Schutzschichten nicht durchsichtig ist, muß hier unbedingt die empfindliche Schicht zum Objekt zeigen.

Die Belichtung sollte so kurz sein, wie das mit der vorn vorgeschlagenen Art der Belichtung möglich ist. Das dürften Belichtungszeiten in der Gegend von 0,1 s bis 0,2 s sein. Den belichteten Film entwickelt man dann in der Dunkelheit in Dokumol. Anschließend wird er in einem normalen Fixierbad (z. B. Agefix von Agfa) fixiert, da eine Bleichung mit dem Kaliumdichromatbleichmittel nicht alle Schutzschichten beseitigt. Nach der üblichen Wässerung kann der Film noch gebleicht werden. Allerdings muß dazu ein Bleichmittel verwendet werden, welches das entwickelte Silber nicht herauslöst, sondern in ein durchsichtiges Silbersalz umwandelt. Dazu ist z. B. eine Lösung von 10 g rotem Blutlaugensalz (Kaliumhexacyanoferrat (III)) und 5 g Kaliumbromid (KBr) in 1/2 l Wasser geeignet. Nach einer weiteren Wässerung und einer Behandlung mit Netzmittel kann der Film getrocknet werden. Das fertige Produkt ist ziemlich trüb, und wenn man durch den Film hindurch in eine helle Lampe schaut, so kann man bei einigem Suchen das holographische Bild des aufgenommenen Objektes sehen.

Wie schon am Anfang erwähnt, kann ein derartiges Hologramm nicht mit einem Holotesthologramm verglichen werden, und so dürften nur experimentierfreudige Hobbyholographen auf ihre Kosten kommen. Sicher ist hier auch noch ein weites Feld, andere Entwicklungs- und Bleichmethoden auszuprobieren.

3
Ausblick: Hologrammarten für Fortgeschrittene. Anwendungen.

Andere Hologrammtypen

Wenn Sie glauben, alle Möglichkeiten des bisher zugrunde gelegten einfachen Aufbaus ausgeschöpft zu haben, und wenn Sie größere und kompliziertere Hologramme herstellen wollen, dann werden Sie um einige zusätzliche Investitionen nicht herumkommen.

Zunächst müssen Sie Ihre optische Ausstattung durch einen oder mehrere Strahlteiler, Oberflächenspiegel, Plattenhalter und eine Aufweiterlinse sowie die dazugehörigen Halterungen komplettieren. Weiterhin empfiehlt es sich, kompliziertere Aufnahmeanordnungen zur Verhütung von Erschütterungen auf einer im Kapitel 2 („Vorbemerkungen") bereits erwähnten Sandbox oder einer ähnlichen stabilen Basis aufzubauen. Es würde den Rahmen dieser Einführung sprengen, auf die einem zu allem entschlossenen Hobbyholographen offenstehenden Möglichkeiten einzugehen. Es gibt über weitergehende Holographietechniken ausgezeichnete Bücher, auf die am Ende dieses Buchs hingewiesen wird. Trotzdem soll hier noch kurz auf zwei Hologrammtypen eingegangen werden, die häufig in Ausstellungen zu sehen sind: Regenbogenhologramme und Multiplexhologramme.

Regenbogenhologramme

Wir wollen zunächst die sogenannten Regenbogen- oder Bentonhologramme besprechen, deren Aufnahme erstmals 1969 von S. Benton beschrieben wurde. Diese Hologramme können mit weißem Licht betrachtet werden und sind dabei ziemlich lichtstark. Sie haben im Gegensatz zu den Weißlichtreflexionshologrammen jedoch keine vertikale Parallaxe, d. h., man kann nicht über die holographierten Objekte hinübersehen. Bewegt der Betrachter den Kopf von oben nach unten, so ändert sich nicht der Blickwinkel, sondern die Farbe des Hologramms. Von diesen Farbverschiebungen stammt der Name Regenbogenhologramm.

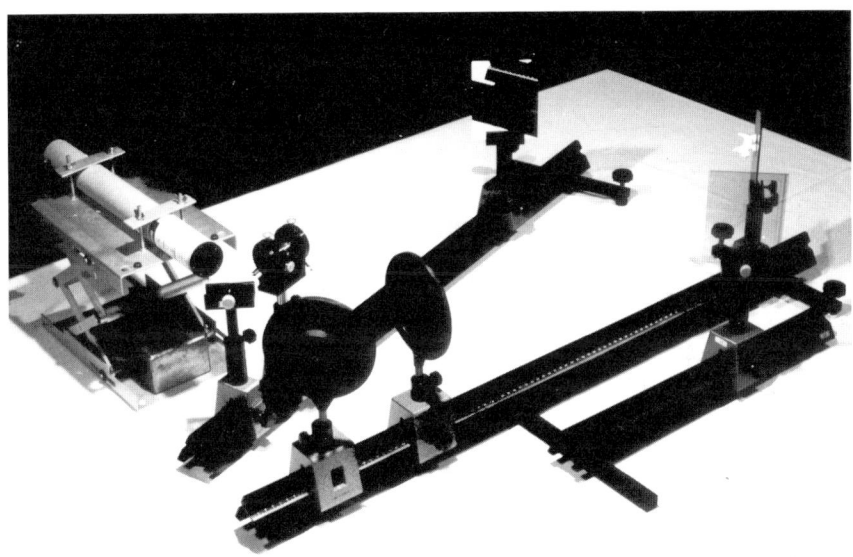

Abbildung 30a Aufnahme von Masterhologrammen. Hintere optische Bank: Referenzstrahlengang mit Strahlteiler, Aufweiterlinse/Raumfilter, Oberflächenspiegel. Mittlere optische Bank: Objektstrahlengang mit Umlenkspiegel, Aufweiterlinse, Objekt (Hund) um 90 Grad gedreht. Vordere optische Bank: Plattenhalter mit holographischer Platte. Zum optischen Weglängenausgleich ist die hintere optische Bank schräggestellt.

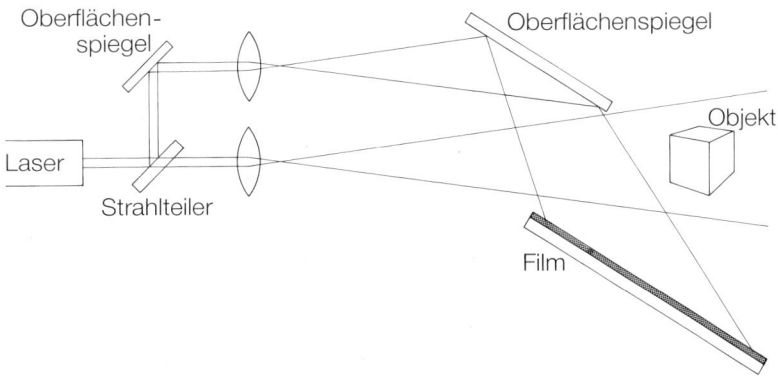

Abbildung 30b Zweistrahl-Aufbau zur Aufnahme von Transmissionshologrammen, wie sie als Ausgangsprodukt zur Herstellung von Regenbogenhologrammen benötigt werden.

Um kleinere Regenbogenhologramme in der bisher betrachteten Größe von 6×10 cm herzustellen, benötigt man noch keinen aufwendigen Unterbau. Falls ein ruhiger Kellerraum zur Verfügung steht, reicht eine Schaumgummimatratze mit einem daraufliegenden Brett von 1×1,5 m Größe als Basis für den Aufbau aus. Allerdings sind zusätzlich zu den bisher besprochenen Komponenten noch ein Strahlteiler, zwei Oberflächenspiegel, eine Strahlaufweitungsoptik, ein weiterer Plattenhalter sowie die dazugehörigen Reiter und optischen Bänke erforderlich.

Die Herstellung eines Regenbogenhologramms erfolgt in zwei Stufen. In der ersten Stufe wird zunächst ein Lasertransmissionshologramm hergestellt. Einen möglichen Aufbau für diese Aufnahme zeigt Abb. 30. Bei diesem Zweistrahlaufbau muß darauf geachtet werden, daß sich wegen der beschränkten Kohärenzlänge des Lasers die Weglängen für Referenz- und Objektstrahl möglichst wenig unterscheiden.

Im Gegensatz zu den bisher besprochenen Hologrammtypen können Regenbogenhologramme bei der Betrachtung nicht von der Seite beleuchtet werden. Eine Beleuchtung von oben ist hier unumgänglich. Daraus ergibt sich aber auch die Notwendigkeit, bei der Aufnahme des Hologramms den Referenzstrahl von oben auf den holographischen Film (oder die Platte) fallen zu lassen. Das läßt sich ohne einen komplizierten Umbau der Aufnahmeanordnung dadurch erreichen, daß das Objekt um 90° gedreht (d. h. auf der Seite liegend) aufgenommen wird. Man befestigt dazu die aufzunehmenden Gegenstände mit Klebstoff oder Haftgummi auf einer festen Unterlage, wie z. B. einer Glasplatte, und spannt diese senkrecht in einen Plattenhalter ein.

Bei der Aufnahme und Entwicklung verfährt man im wesentlichen so wie oben besprochen. Da Objekt- und Referenzstrahl nach der Strahlteilung getrennt verlaufen, ist es jetzt allerdings möglich, den letzteren (z. B. durch Einbringen eines Graufilters in den Strahlengang oder durch Verwendung eines Strahlteilers mit unterschiedlicher Reflexion und Transmission) abzuschwächen. Dadurch ist es möglich, das Intensitätsverhältnis zwischen den interferierenden Strahlen zugunsten des Objektstrahls zu verändern und ein helleres holographisches Bild zu erzielen. Die optimalen Intensitätsverhältnisse und Belichtungszeiten müssen im allgemeinen experimentell ermittelt werden.

Im zweiten Schritt des Aufnahmeverfahrens wird das im ersten Schritt hergestellte Transmissionshologramm als Masterhologramm benutzt. Die Aufnahmeanordnung ist in Abb. 31 skizziert.

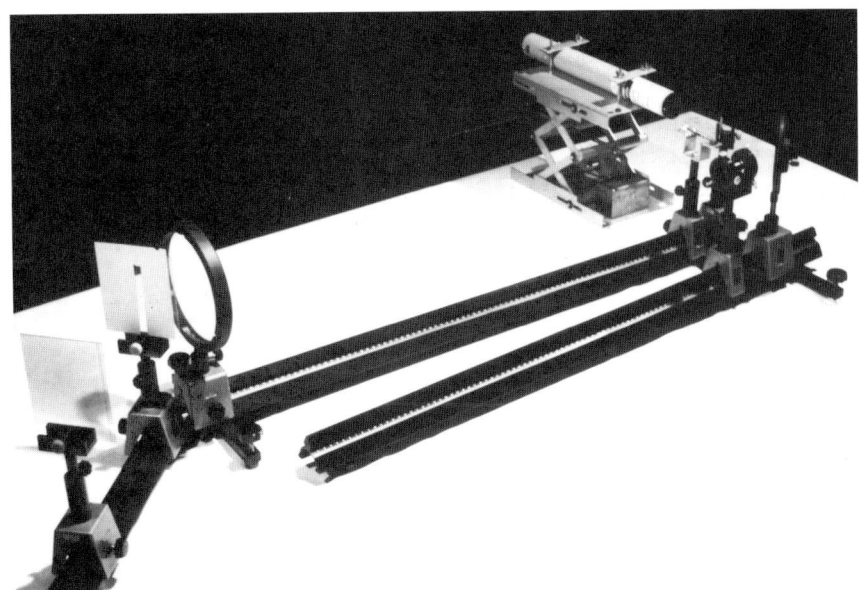

Abbildung 31a Aufnahme von Regenbogenhologrammen. Hintere optische Bank: Objektstrahlengang mit Strahlteiler, Zylinderlinse, Kollimatorlinse, Masterhologramm mit Schlitzblende. Vordere optische Bank: Referenzstrahlengang mit Umlenkspiegel und Aufweiterlinse/Raumfilter. Holographische Platte in der linken unteren Bildecke. Der Abstand Zylinderlinse–Kollimatorlinse ist gleich der Summe der Brennweiten.

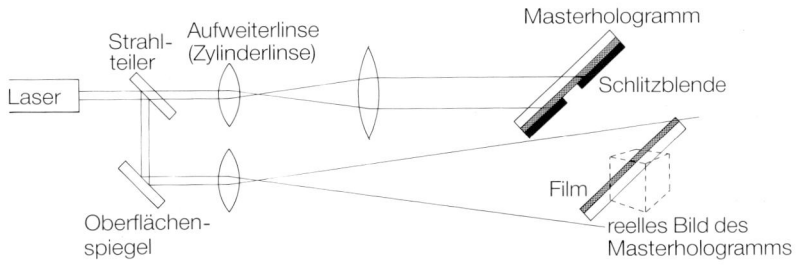

Abbildung 31b Zweite Stufe bei der Aufnahme eines Regenbogenhologramms. Das Masterhologramm wird durch eine Schlitzblende abgedeckt. Das reelle holographische Bild, das durch den vom Schlitz nicht verdeckten Teil des Masterhologramms erzeugt wird, dient als „Objekt" für das endgültige Hologramm.

Ein besonderes Kennzeichen bei der Aufnahme von Regenbogenhologrammen ist eine Blende, die das Masterhologramm bis auf einen schmalen Schlitz abblendet. Der Schlitz sollte bei Hologrammen der hier angenommenen Größe eine Breite zwischen 5 mm und 10 mm haben und muß parallel zur Horizontalrichtung des holographischen Bildes bzw. des Gegenstands über das ganze Masterhologramm verlaufen. Da der Gegenstand bei der Aufnahme um 90° gedreht war (d. h. auf der Seite lag), ist die Blende in unserer Apparatur von oben nach unten gerichtet. Natürlich wäre es auch möglich, von vornherein einen entsprechend schmalen Filmstreifen des Masterhologramms zu belichten. Die Blende hat jedoch den Vorteil, noch eine gewisse Freiheit in der Wahl der vertikalen Perspektive des endgültigen Hologramms zu gewährleisten.

Da beim Masterhologramm nur ein schmaler vertikaler Schlitz ausgeleuchtet werden muß, kann die Aufweiterlinse auch durch einen waagerecht angeordneten Glasstab oder ein mit klarer Flüssigkeit (z. B. Glyzerin) gefülltes Glasröhrchen von etwa Bleistiftdicke ersetzt werden. Das Röhrchen wirkt als „Zylinderlinse" und weitet den Laserstrahl nur in senkrechter Richtung auf. Durch die zweite, im Objektstrahlengang aufgestellte Linse wird dieser Strahl dann möglichst parallel gemacht. Da das Laserlicht auf den senkrechten Spalt konzentriert wird, erhält man ein wesentlich helleres Zwischenbild vom Masterhologramm, als es mit einer normalen Aufweiterlinse der Fall wäre.

Das Masterhologramm muß nun so ausgerichtet sein, daß nach dem Einschalten des Lasers das reelle (pseudoskopische) holographische Bild des aufgenommenen Gegenstands auf einem im zweiten Plattenhalter befindlichen Stück Transparentpapier zu sehen ist. Auch dieses Bild liegt wie der Gegenstand auf der Seite und wird vom Referenzstrahl von seiner Fußseite her beleuchtet. Da beim Betrachten das fertige Hologramm umgedreht wird, ergibt sich zum Schluß jedoch die korrekte Beleuchtungsrichtung. Verschiebt man nun die Schlitzblende quer zur Schlitzrichtung entlang des Hologramms, so sieht man nacheinander verschiedene Perspektiven des aufgenommenen Gegenstands, genauso, als würde man diesen durch Schlitze, die sich in unterschiedlichen Höhen befinden, betrachten.

Eine solche Perspektive kann man sich nun bei der Aufnahme des Hologramms der zweiten Stufe aussuchen, indem man die Blende entsprechend positioniert.

Da bei diesem Hologramm Objekt- und Referenzwellen auf dieselbe Seite des Films fallen, ist das Endprodukt eigentlich ein Lasertransmissionshologramm. Es wird auch genauso belichtet und entwickelt. Bei der Beleuchtung des fertigen Hologramms muß man berücksichtigen, daß es in zwei Stufen entstanden ist. Gegenüber der Aufnahmesituation wird es wieder um 90° gedreht, um den abgebildeten Gegenstand in seiner normalen Stellung zeigen zu können. Das Licht muß dann von oben auf die Seite auffallen, die derjenigen gegenüberliegt, auf die bei der Aufnahme Referenz- und Objektwelle fielen.

Da Regenbogenhologramme Lasertransmissionshologramme sind, kann man sowohl das Masterhologramm als auch das Endprodukt mit dem relativ lichtempfindlichen Holotest-Material 10E75 herstellen. Dabei kommt man selbst bei der Verwendung eines 1-mW-Lasers mit Belichtungszeiten von einer bis zwei Sekunden aus. Wegen der größeren Lichtempfindlichkeit sollte man in diesem Fall allerdings mit einer schwächeren grünen Beleuchtung arbeiten als sonst.

Beleuchtet man das fertige Hologramm mit Laserlicht, so sieht man das rekonstruierte Bild entsprechend der Stellung der Schlitzblende wie durch einen engen horizontalen Spalt. Über und unterhalb des Spalts verschwindet das Bild. Würde man eine andersfarbige Lichtquelle benutzen, so würde man ein anders gefärbtes Spaltbild sehen, das auch an einer anderen Stelle liegt. Eine Beleuchtung mit einer punktförmigen weißen Lichtquelle entspricht gewissermaßen der gleichzeitigen Beleuchtung durch viele verschiedenfarbige Lichtquellen. Entsprechend entstehen gleichzeitig viele unterschiedlich gefärbte Schlitzbilder, die auf unterschiedlicher Höhe liegen und ineinander übergehen. Je nach Betrachtungsabstand und Spaltbreite sieht ein Beobachter eines oder mehrere der farbigen Schlitzbilder.

Eine charakteristische Eigenschaft der Regenbogenhologramme ist das Fehlen der vertikalen Parallaxe: Versucht der Betrachter über einen Objektteil hinüberzusehen, was bei normalen Hologrammen ja durchaus möglich ist, so gerät er nur in den Bereich eines andersfarbigen Schlitzes. Das bedeutet, daß beim Heben und Senken des Kopfes sich nur die Farbe, aber nicht die Perspektive des Bildes ändert.

Wie bei normalen Lasertransmissionshologrammen können auch bei Regenbogenhologrammen die Bilder eine große optische Tiefe besitzen. Diese Eigenschaft wird häufig von Künstlern ausgenützt, die sich des neuartigen Mediums Holographie bedienen. Zudem können durch Vielfachbelichtungen, die jeweils unter verschiedenen Winkeln durchgeführt werden und daher bei der Wiedergabe unterschiedliche Farben zeigen, erstaunliche Effekte erzielt werden.

Insbesondere in einer Beziehung haben sich Regenbogenhologramme allen anderen Hologrammarten als überlegen erwiesen: Regenbogenhologramme lassen sich zu vertretbaren Preisen in sehr großen Stückzahlen herstellen. Das ist besonders für die Werbung, aber auch für die Verwendung von Hologrammen in Büchern und anderen Publikationen interessant. Bei der Massenproduktion werden konventionell aufgenommene Filmhologramme nur als Ausgangsprodukt verwendet. Da sich bei Regenbogenhologrammen die Information nicht im Volumen, sondern auf der Oberfläche des Films befindet, kann diese auf andere geeignete Materialien übertragen werden. Dazu wird das Interferenzmuster auf dem Film durch eine spezielle Ätztechnik in ein Relief verwandelt. Von diesem Relief wird dann mit galvanischen Methoden ein Metallabzug hergestellt, der dann als Prägestempel verwendet werden kann, um die holographische Information auf Plastikfilm zu übertragen, der normalerweise auf einer metallischen Trägerfolie aufgebracht ist. Das Verfahren läßt sich mit der Herstellung von Schallplatten durch einen Prägestempel vergleichen.

Das amerikanische Magazin „National Geographic" hat in letzter Zeit für zwei in der Geschichte der Holographie einmalige Rekordzahlen gesorgt: Die Ausgaben vom März 1984 und vom November 1985 erschienen jeweils mit einem Prägehologramm auf der Titelseite in einer Auflage von über 10 Millionen Stück.

Holographische Stereogramme

Während Regenbogenhologramme auch von Amateuren mit einer entsprechenden Ausrüstung aufgenommen werden können, erfordert die Herstellung des letzten noch zu besprechenden Hologrammtyps komplizierte Zusatzeinrichtungen, die normalerweise nur in kommerziellen Betrieben zu finden sein dürften. Die Rede ist von den sogenannten Multiplexhologrammen (oder „holographischen Stereogrammen"), die häufig in halbzylindrischer Form, neuerdings aber auch in quadratmetergroßen ebenen Flächen zu sehen sind. Multiplexhologramme fallen schon beim Betrachten durch zwei für Hologramme ungewöhnliche Eigenschaften auf.

Geht der Betrachter am Hologramm vorbei, dann sieht er eine bewegte Szene: Eine junge Dame, die dem Betrachter eine Kußhand zuwirft und dabei mit einem Auge zwinkert, war eines der ersten von Multiplexhologrammen gezeigten Motive. Andere Szenen sind offensichtlich im Freien aufgenommen, können also unmöglich durch Laserlicht ausgeleuchtet worden sein. Zudem sind die gezeigten Szenen im Gegensatz zu normalen holographischen Bildern gegenüber dem Original häufig verkleinert.

Ausgangspunkt für ein Multiplexhologramm ist ein normaler Film, der von einer Kamera gedreht wurde, die gleichmäßig an der abzubildenden Szene vorbeigeführt bzw. um sie herumgeführt wurde. Von jedem Filmbild wird nun ein vertikales Streifenhologramm hergestellt, das bei kommerziellen Ausführungen eine Breite von weniger als 1 mm hat. Das Multiplexhologramm setzt sich dann aus den Streifenhologrammen der einzelnen Filmbilder zusammen. Das kann man insbesondere bei den halbzylindrischen Multiplexhologrammen genau sehen.

Jedes einzelne Streifenhologramm würde natürlich nur ein flaches Filmbild zeigen, das allerdings hinter der Hologrammebene zu liegen schiene. Da aber beide Augen verschiedene Streifenhologramme sehen, die unterschiedlichen Kamerastandpunkten entsprechen, wirkt das komplette Bild wieder dreidimensional, d. h., die Holographie wird nur verwendet, um die Einzelbilder zu erzeugen. Der räumliche Eindruck wird durch einen nichtholographischen Trick erreicht, der an die anfangs erwähnten plastischen Postkarten erinnert.

Bei bewegten Szenen kann man diesen Trick durch genaue Beobachtung bemerken. Beide Augen sehen in diesem Fall das Objekt nicht nur aus einer unterschiedlichen Perspektive, sondern auch in einer unterschiedlichen Bewegungsphase. Kneift man beide Augen abwechselnd zu, so bemerkt man nicht nur den natürlich erscheinenden perspektivischen Sprung, sondern gleichzeitig eine unnatürlich erscheinende Bewegung der betrachteten Szene. Damit dieser Fehler nicht auffällt, darf die Bewegung des dargestellten Objekts nicht zu heftig sein.

Da in den Filmbildern ohnehin keine vertikale Perspektive enthalten ist, werden Multiplexhologramme als Regenbogenhologramme angefertigt, um sie mit normalem Licht betrachten zu können.

Holographie als Hilfsmittel in Wissenschaft und Technik

Die Entwicklung, die die Holographie seit der Herstellung des ersten Laserhologramms bis heute genommen hat, verlief weitgehend unbemerkt von der Öffentlichkeit. Allenfalls werden Hologramme mit Science-fiction-Szenen in Verbindung gebracht. Auch heute dürfte den meisten Menschen selbst in einem Industriestaat der Begriff Holographie unbekannt oder zumindest unklar sein. Und kaum jemand, der in einer Holographieausstellung von den dort gezeigten Bildern fasziniert ist, wird sich vorstellen können, daß er schon längst in vielen Bereichen seines Lebens direkten oder indirekten Kontakt zur Holographie hatte. Die manchmal als „Lichtskulpturen" bezeichneten dreidimensionalen Bilder sind sozusagen nur die Spitze eines Eisbergs. Die Mehrzahl der Hologramme werden in Forschungsinstituten und Industrieunternehmen hergestellt und verwendet. Es sind häufig Meßprotokolle ohne Anspruch auf Ästhetik, die nur von Fachleuten gedeutet und ausgewertet werden können. Andere Hologramme werden speziell dazu angefertigt, die Lichtstrahlen in einer Weise zu beeinflussen, wie es mit herkömmlichen optischen Elementen aus Glas nicht oder nur schwer möglich wäre.

Holographisch-optische Elemente

Vielleicht haben Sie schon einmal beim Lebensmitteleinkauf im Supermarkt bemerkt, daß an der Kasse die eingekauften Waren über ein kleines Fenster geführt werden. Auf den Verpackungen ist eine Reihe unterschiedlich breiter Striche aufgedruckt, die man Balkencode nennt. Im Balkencode ist neben dem Herstellungsland die Herstellerfirma und eine Artikelnummer verschlüsselt enthalten. Durch das Fenster hindurch wird der Balkencode gelesen. Die Artikelnummer wird direkt an den Kassencomputer weitergegeben, der daraus den Preis ermittelt und damit das Eintippen überflüssig macht. Der Lesevorgang erfolgt mit Hilfe eines niederenergetischen Laserstrahls, dessen vom Strichmuster reflektierte Helligkeit von einer Fotodiode registriert wird. Damit dieser Strahl den Balkencode auch bei schräg gehaltenen und ungünstig geformten Packungen korrekt abtasten kann, ist eine komplizierte Strahllenkung notwendig. Es hat sich herausgestellt, daß zu diesem Zweck holographische optische Elemente bei einem Minimum an Herstellungskosten ein Optimum an Wirksamkeit bieten.

Die geschilderte Verwendung als „Kassenscanner" (d. h. wörtlich „Abtaster") ist nur ein Beispiel für die vielseitigen Einsatzmöglichkeiten von holographisch-optischen Elementen. Sie werden überall dort verwendet, wo Kombinationen von Eigenschaften verlangt werden, die mit herkömmlicher Optik nicht erreicht werden können.

Holographisch-optische Elemente werden im Prinzip wie „normale" Hologramme hergestellt: Nur trifft der Objektstrahl keinen abzubildenden Gegenstand, sondern wird durch optische Elemente, wie Linsen und Spiegel, so beeinflußt, daß das entsprechende Interferenzmuster die der späteren Verwendung entsprechenden Eigenschaften erhält.

Holographische Dokumentation: im Spacelab dabei

Zu den neuesten Einsatzgebieten der Holographie gehört ihre Verwendung als Dokumentationsmittel bei der Raumfahrt. Während eines der ersten Flüge einer Raumfähre wurde das Wachstum von Kristallen in der Schwerelosigkeit holographisch aufgenommen, um dieses Experiment später in allen Einzelheiten auswerten zu können. Auch bei der von der Bundesrepublik geleiteten D1-Mission mit der später verunglückten Raumfähre Challenger wurden mehrere Experimente unter holographischer Überwachung durchgeführt. Dazu wurde von der Deutschen Forschungs- und Versuchsanstalt für Luft- und Raumfahrt (DFVLR) ein holographisches Kompaktlaboratorium mit dem Namen HOLOP entwickelt.

Aber auch bei weniger spektakulären Anlässen wird die Dreidimensionalität holographischer Aufnahmen genutzt. In der herkömmlichen Mikrofotografie führt die geringe Tiefenschärfe zu Schwierigkeiten bei der Auswertung von Aufnahmen. Holographische Aufnahmen zeigen dagegen auch mikroskopische Objekte in ihrer ganzen Ausdehnung scharf. So kann z. B. bei einer Brenner- oder Vergaserdüse die Tröpfchenverteilung des ganzen Sprühkegels auf einer Aufnahme festgehalten werden. Die Verteilung kann dann in aller Ruhe untersucht werden, und daraus ergeben sich dann Rückschlüsse auf eine eventuelle Optimierung der Düse und der damit verbundenen Kraftstoffausnutzung.

Holographische Interferometrie: Werkstoffprüfung und Fertigungskontrolle

Das größte Hindernis, das ein Einsteiger in die Holographie überwinden muß, ist die extreme Erschütterungsempfindlichkeit von Hologrammen bei der Aufnahme. Wie wir bereits gesehen haben, führen Bewegungen des Objekts nicht, wie in der herkömmlichen Fotografie, zu einem verwackelten Bild, sondern das entsprechende Objekt oder Objektteil erscheint schon bei Bewegungen in der Größenordnung von 1/10.000 mm auf der holographischen Abbildung dunkler bzw. verschwindet ganz. Gerade diese scheinbare Schwäche wird in der vielleicht wichtigsten Anwendung der Holographie ausgenutzt, nämlich der zerstörungsfreien Werkstoffprüfung (englisch: non-destructive testing, NDT) bzw. der holographischen Interferometrie.

Bei der Werkstoffprüfung sind mehrere Verfahren möglich: Beim Doppelbelichtungsverfahren wird das zu testende Objekt einmal in belastetem und einmal in unbelastetem Zustand belichtet. Eine Deformation macht sich in dunklen Streifen auf dem holographischen Bild bemerkbar, die dort am ausgeprägtesten sind, wo sich das Werkstück am stärksten verformt hat. Beispiele für die Anwendung solcher Testmethoden sind Druckbehälter, Rohrleitungen für hohe Qualitätsansprüche (Abb. 32) und Flugzeugreifen, bei denen ein Fachmann aus der Form der Streifenmuster auf Schwachstellen in der Struktur oder an Nähten schließen kann, obwohl die Verformungen nur Bruchteile eines tausendstel Millimeters betragen.

Bei schnellablaufenden Vorgängen müssen, wie beim Doppelbelichtungsverfahren, Einzelaufnahmen mit Impulslasern gemacht werden. Dabei können Belichtungszeiten von weniger als einer milliardstel Sekunde erreicht werden. Damit wird es sogar möglich, Luftverwirbelungen in der Bahn eines fliegenden Geschosses bzw. eines anderen schnell bewegten Körpers oder die gasdynamischen Vorgänge, die sich bei der Treibstoffverbrennung im Zylinder eines Verbrennungsmotors abspielen, holographisch abzubilden. Die holographische Struktur wird dadurch hervorgerufen, daß sich zwischen den beiden Aufnahmen Dichte, Druck oder Temperatur des Gases geändert haben. Die Auswirkungen auf die Objektwelle, die das Gas durchqueren muß, führen wieder zu hellen und dunklen Streifen im Hologramm, aus deren Form und Anzahl Aufschlüsse über Druck- und Temperaturverteilung im Gas gewonnen werden können. Ähnlich wie bei

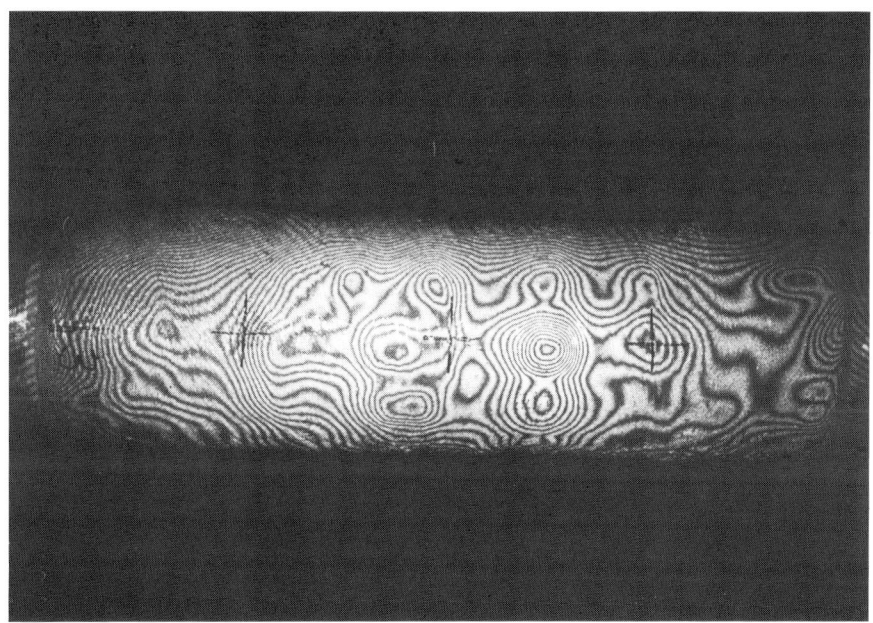

Abbildung 32   Holographisches Interferogramm eines Rohres, das einmal in unbelastetem und einmal in belastetem Zustand belichtet wurde. Dichte und Form der dunklen Interferenzstreifen zeigen dem Fachmann den Grad der Verformung des Rohrs unter Belastung an. (Foto: Rottenkolber Holo-System GmbH)

Gasen können auch bei Flüssigkeiten Druck- und Temperaturverteilungen holographisch erfaßt werden.

Eine andere Methode, die Zeitmittelungsverfahren genannt wird, findet bei der Analyse des Schwingungsverhaltens von Werkstücken bei dynamischen Vorgängen Anwendung. Das ist z. B. notwendig, wenn bei einem laufenden Motor untersucht werden soll, ob das Mitschwingen des Gehäuses die Konstruktion zu stark belastet, oder an welchen Stellen Maßnahmen zur Geräuschdämpfung getroffen werden müssen. Andererseits kann auf diese Weise z. B. ermittelt werden, ob Lautsprechermembranen ein optimales Schwingungs- und Abstrahlungsverhalten zeigen. Beim Zeitmittelungsverfahren wird das zu untersuchende Objekt während einer Zeitdauer belichtet, die groß gegenüber den beobachteten Schwingungsperioden ist. Dunkle Bereiche zeigen dann die Lage von Schwingungsbäuchen (bewegte Stellen), helle Bereiche die Lage von Schwingungsknoten (unbewegte Stellen) an.

Ebenso wie die Verformung eines Werkstücks machen sich winzige Unterschiede zweier sonst gleicher Gegenstände bemerkbar, die nacheinander in einem Hologramm aufgenommen werden. Auf diese Weise kann man in der optischen und feinmechanischen Industrie untersuchen, ob bei der Herstellung von Präzisionsteilen die geforderten Fertigungstoleranzen eingehalten werden. Inzwischen sind solche Prüfmethoden in einigen Bereichen schon so alltäglich geworden, daß schon holographische Kameras auf dem Markt angeboten werden, die Routineuntersuchungen ohne zeitraubende Justierarbeiten erlauben.

Dokumente und Datenspeicher

Eine besonders spektakuläre Eigenschaft von Hologrammen ist es, daß auch in einem Bruchstück des Hologramms noch Informationen über das ganze Objekt enthalten sind. Das bedeutet insbesondere, daß das ganze Hologramm geändert werden müßte, um ein Detail des abgebildeten Objekts zu verändern. Dadurch bieten sich Hologramme besonders zur Herstellung fälschungssicherer Dokumente an. Ausweise und Kreditkarten werden vielfach bereits heute auf diese Weise vor Fälschungen geschützt. In näherer Zukunft sollen holographische Markenzeichen billigen Nachahmern ihr Ziel erschweren, das teure Markenprodukt in allen Einzelheiten zu imitieren. Und es ist wohl nur noch eine Frage der Zeit, bis Banknoten oder TÜV-Plaketten holographisch vor unerlaubten Nachahmungen geschützt werden.

Ein anderer Aspekt weist die Holographie als Datenspeicher mit besonderen Eigenschaften aus: Das ist die Kombination von hoher Speicherdichte mit weitgehender Störsicherheit. Legt man ein (für holographische Filme relativ geringes) Auflösungsvermögen von 1000 Linienpaaren pro mm zugrunde, so kann man selbst auf einem kleinen Hologramm von 5 cm Seitenlänge theoretisch eine Datenmenge von 2,5 Milliarden Bits speichern. Das entspricht in etwa dem Inhalt von 800 Diskettenseiten eines Personal Computers. Berücksichtigt man außerdem, daß zumindest bei kleineren Beschädigungen des Hologramms immer noch die vollständige Information im Hologramm enthalten ist, so scheint die Holographie einen vielversprechenden Weg zur Datenspeicherung zu bieten. Nützt man nicht nur die Oberfläche, sondern das ganze Volumen von geeigneten Speichermaterialien aus, so werden die offensichtlichen Vorzüge holographischer Speicherung noch größer: Ein Kubikzentimeter kann (bei 1000 Linienpaaren Auflösung pro mm) theoretisch eine Billion Bits speichern. Experimentell hat man bisher „nur" 10 Milliarden Bits erreicht (das sind hundertmal weniger). Aber auch das entspricht immerhin der Kapazität von über 3000 Diskettenseiten eines Personal Computers.

Zur holographischen Speicherung verwendet man keinen fotografischen Film, sondern spezielle Kristalle, wie z. B. Lithium-Niobat, die durch starke Belichtung den Brechungsindex ändern und so holographische Informationen speichern können. Durch gleichmäßige Belichtung oder Erwärmung kann die holographische Information wieder gelöscht werden.

Die Beherrschung dieser Technik, insbesondere die Herstellung genügend fehlerfreier Kristalle, ist sehr schwierig. Die eben geschilderte Art der holographischen Speicherung befindet sich daher noch im Entwicklungsstadium. Bei ihren offensichtlichen Vorzügen ist eine Weiterentwicklung zur Serienreife sicher zu erwarten.

Etwas Zukunftsmusik

Diese Beispiele geben in keiner Weise eine vollständige Übersicht über die Anwendung holographischer Methoden. Sie zeigen aber, daß bereits heute die Beherrschung holographischer Techniken zum Handwerkszeug vieler qualifizierter Techniker und Ingenieure gehört. In den entsprechenden Berufsausbildungen findet diese Tatsache eine immer stärkere Berücksichtigung. Sicher werden sich diese Techniken in nächster Zukunft nicht nur weiter ausbreiten, die Holographie wird sich darüber hinaus ganz neue Anwendungsgebiete erschließen.

An erster Stelle muß hier die Vereinigung von Computertechnik und Holographie genannt werden, die völlig neue Dimensionen eröffnet. Werden Hologramme nicht mehr auf optischem Wege hergestellt, sondern wird ihre Struktur mit Hilfe von Computern berechnet, so ist man nicht mehr auf die Belichtung mit Hilfe von Lasern angewiesen. Dadurch entfallen viele der heute gültigen Einschränkungen für die Hologrammherstellung. Simulationen für die Schulung von Piloten sind hier genauso geplant wie Anwendungen in der Architektur und der Herstellung dreidimensionaler „Konstruktionszeichnungen". Viele Forschungsgruppen auf der ganzen Welt sind gegenwärtig dabei, diese Arbeiten voranzutreiben.

In der Medizin war in der Vergangenheit nach einigen Mißerfolgen mit der Ultraschallholographie eine gewisse Skepsis der Holographie gegenüber aufgekommen. Mit der Computertomographie steht dort eine andere Methode zur dreidimensionalen Darstellung des Körperinneren zur Verfügung. Forschungsarbeiten zur Entwicklung von Röntgenstrahllasern haben aber auch hier die positive Einstellung gegenüber der Holographie wieder hergestellt.

Seit den Anfangstagen der Holographie werden immer wieder Spekulationen über holographisches Fernsehen und holographische Kinofilme laut. Insbesondere in der UdSSR wird schon mit einigem Erfolg an Filmen gearbeitet. Zwei Probleme stehen jedoch schnellen Fortschritten entgegen: Alle Szenen müssen mit Laserlicht aufgenommen werden, was zunächst einmal Arbeiten im Freien ausschließt; aber auch für Studioaufnahmen werden Laser beträchtlicher Größe benötigt. Das zweite Problem besteht in der Winkelbeschränkung von Hologrammwiedergaben, die es nur einem kleinen Kreis von Zuschauern erlaubt, einen derartigen Film zu betrachten; hier bieten jedoch inzwischen optische Hilfsmittel eine Lösung. Beim holographischen Fernsehen entfällt zwar das zweite Problem, dafür kommt zum Problem der Aufnahme noch das der Übertragung. Um die holographische Information zu übertragen, werden Bandbreiten benötigt, die viele tausendmal größer sind als die momentan verfügbaren. Dazu sind völlig neue Übertragungsmethoden (z. B. über Lichtleiter) nötig, und es ist sicher unrealistisch, in nächster Zukunft die Lösung dieser Probleme zu erwarten.

4
Zum Schluß: ein wenig Theorie

In den ersten Kapiteln des Buches wurde versucht, die physikalischen Grundlagen der Holographie möglichst einfach und anschaulich darzustellen. Insbesondere wurde auf eine mathematische Formulierung der Zusammenhänge völlig verzichtet. Natürlich bleiben bei einem solchen Vorgehen viele Fragen offen. Beispiele für Fragen, die durch die bisherigen Überlegungen nicht oder nur unbefriedigend beantwortet werden können, sind der Einfluß der Lichtquelle auf die Schärfe des holographischen Bildes und die Möglichkeit von Verzerrungen und Maßstabsänderungen bei der Hologrammwiedergabe. Für alle, die an einer genaueren Darstellung interessiert sind, soll jetzt eine detaillierte Beschreibung der physikalischen Grundlagen der Holographie folgen. Diese Beschreibung führt nicht nur zu einem tieferen Verständnis, sondern ermöglicht auch eine quantitative, d. h. zahlenmäßige Erfassung der Holographie.

Die folgenden Erklärungen beruhen auf denselben Überlegungen, die wir in den Kapiteln „Ein Hologramm entsteht" und „Was bei der Hologrammwiedergabe geschieht" angestellt haben. Eine gute Erinnerung an die dortigen Erklärungen erleichtert daher das Verständnis der jetzt folgenden Abschnitte.

Das Hologramm eines Punktes: die Fresnelsche Zonenplatte

Zunächst benutzen wir einen in der Optik häufig verwendeten Trick: Wir stellen uns vor, daß der abzubildende Gegenstand aus einzelnen Punkten zusammengesetzt ist; etwa so, wie ein Zeitungs- oder Fernsehbild aus einzelnen Punkten besteht. Zuerst untersuchen wir die holographische Aufnahme eines einzelnen Punktes: Falls die Objektwelle einen einzelnen Punkt beleuchtet, geht von diesem eine Kugelwelle aus, in derem Zentrum der Objektpunkt steht. (Kugelwellen haben wir schon in dem Kapitel „Was bei der Hologrammwiedergabe geschieht" kennengelernt, als wir unter-

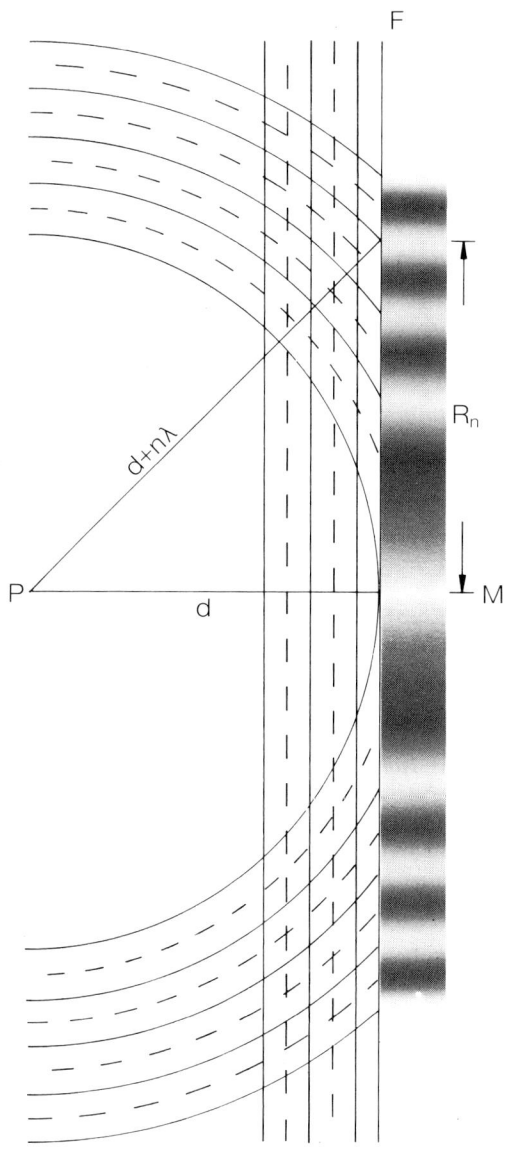

Abbildung 33 Interferenz zwischen einer Kugelwelle und einer ebenen Welle. Der Film bleibt an den Stellen unbelichtet, an denen Wellenberg auf Wellental trifft. Das entstehende Muster ist das Hologramm eines punktförmigen Objekts. Hier ist allerdings nur ein Schnitt durch dieses Muster gezeigt, das in Abb. 34 dargestellt ist.

sucht haben, was mit einer Welle passiert, die auf ein Hindernis mit einer engen Öffnung trifft.)

Diese Kugelwelle trifft nun auf dem Film mit den als eben angenommenen Fronten der Referenzwelle zusammen. Die Situation ist in Abb. 33 dargestellt. Wir betrachten einen Zeitpunkt, in der die Filmebene gerade von einem Berg der Referenzwelle erreicht wird. Außerdem soll an der dem Objektpunkt P am nächsten liegenden Stelle des Films, die wir mit M bezeichnen wollen, ein Tal der Objektwelle ankommen. An dieser Stelle trifft also ein Objektwellental auf einen Referenzwellenberg, die Wellen ebnen sich ein und das Filmmaterial bleibt unbelichtet. Dasselbe geschieht an allen Stellen, an denen die anderen (gestrichelt gezeichneten) Objektwellentäler auf die Filmebene und damit auf den Referenzwellenberg treffen. Zwischen diesen Auslöschungsstellen liegen Punkte, an denen sich Objekt- und Referenzwelle verstärken. Das Filmmaterial wird hier geschwärzt. Das passiert überall dort, wo die durchgezogen gezeichneten Objektwellenberge auf die Filmebene treffen. Zwischen den Stellen maximaler Verstärkung und Auslöschung gibt es natürlich kontinuierliche Übergänge.

Abbildung 34   Dieses Muster wird „Fresnelsche Zonenplatte" genannt und entspricht dem Hologramm eines einzelnen Punktes.

Nach der Entwicklung erhält man wieder durchlässige und undurchlässige Stellen im Film. Im Gegensatz zu den früher durchgeführten Überlegungen ändern sich aber jetzt die Abstände zwischen je zwei durchlässigen (oder undurchlässigen) Stellen kontinuierlich. Von der Mitte M ausgehend nehmen sie immer mehr ab.

Bis hierher haben wir nur einen Querschnitt durch eine eigentlich räumliche Anordnung betrachtet. Unsere Überlegungen zeigen also nicht die tatsächliche Form der Hell-Dunkelverteilung auf dem Film. Um diese zu erhalten müssen wir uns vorstellen, daß die in Abb. 33 gezeigte Figur um die Achse PM gedreht wird. Mit Ausnahme des Punktes in der Mitte gehen dabei alle durchlässigen und undurchlässigen Stellen in Kreise oder, besser gesagt, Ringe um den Punkt M über. Das entstehende Muster ist in Abb. 34 dargestellt. Es erinnert etwas an eine Schießscheibe, allerdings mit dem Unterschied, daß die Ringe nach außen hin immer schmaler werden. Eine derartige Anordnung von durchlässigen und undurchlässigen Ringen wird in der Optik als „Fresnelsche Zonenplatte" bezeichnet. Man kann also sagen, daß das Hologramm eines einzelnen Punktes eine Fresnelsche Zonenplatte ist.

Die Zonenplatte als Linse

Um die Wirkung der Zonenplatte bei der Rekonstruktion des holographischen Bilds des Objektpunktes zu verstehen, gehen wir genauso vor wie im Kapitel „Was bei der Hologrammwiedergabe geschieht".

An den durchlässigen Stellen der Zonenplatte entstehen Kreis- oder besser gesagt Kugelwellen, deren Wellenfronten sich zusammenschließen. Diese Kugelwellen werden in der Physik „Elementarwellen" genannt. Wenn man den Zusammenschluß der Wellenfronten für kleine Radien der Elementarwellen (also in der Nähe der Zonenplatte) betrachtet, kann man wegen der mehr oder weniger starken Einbuchtungen beim Übergang von einer Elementarwelle zur nächsten die endgültige Form der gesamten Wellenfront nur schwer entdecken. Es gibt daher eine Hilfskonstruktion, die darin besteht, diese Einbuchtungen durch eine Linie (bzw. Fläche) zu „überbrücken", die alle beteiligten Elementarwellen berührt, sie aber nicht schneidet. Diese Linie (bzw. Fläche) heißt „Einhüllende" der Elementarwellen. (Im Kapitel „Was bei der Hologrammwiedergabe geschieht" war diese Einhüllende immer eine Gerade.)

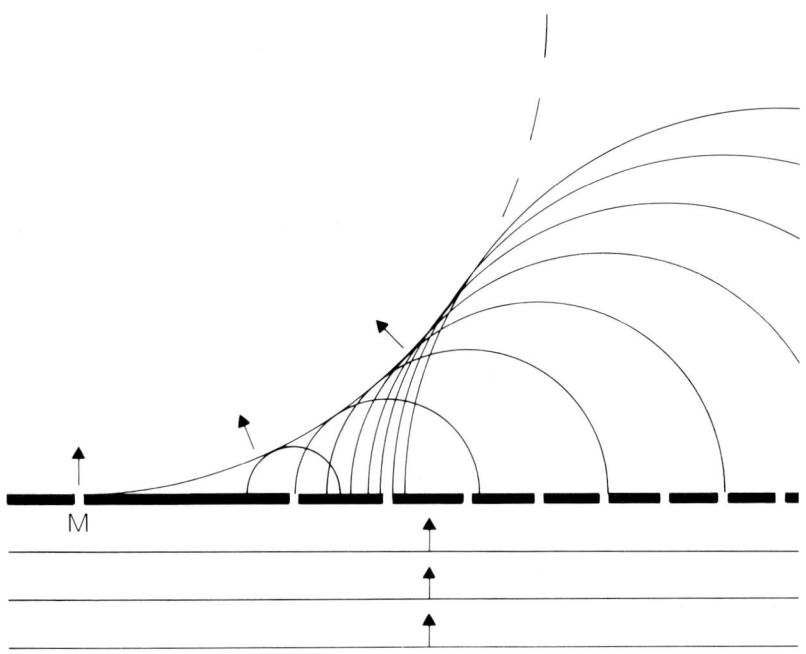

Abbildung 35 Entstehung einer sich zusammenziehenden Kugelwelle beim Auftreffen einer ebenen Welle auf eine Fresnelsche Zonenplatte. Es sind nur die zu dieser Wellenfront beitragenden Elementarwellen gezeichnet. Die Mitte M der Zonenplatte befindet sich am linken Rand der Zeichnung.

Nun untersuchen wir zunächst den Fall, bei dem die Radien der Elementarwellen, wenn wir von der Mitte der Zonenplatte ausgehen, von Öffnung zu Öffnung um eine Wellenlänge anwachsen. In Abb. 35 ist diese Situation dargestellt. Dazu wird ein von ihrem Mittelpunkt ausgehender Schnitt durch die Zonenplatte betrachtet. Zur Vereinfachung wird angenommen, daß von jeder Öffnung nur eine Elementarwelle ausgeht. Die Einhüllende aller hier betrachteten Elementarwellen ist ein Kreisbogen. Wenn wir diese Linie wieder um die Mittelachse der Zonenplatte drehen, um die tatsächliche Form der Wellenfront zu erhalten, ergibt sich eine von der Zonenplatte weg geöffnete Kugelschale. Diese zieht sich beim Größerwerden der Elementarwellen auf einen Punkt zusammen. Ein optisches Element, das ein paralleles Lichtbündel auf einen Punkt konzentriert, nennt man Sammellinse.

Entsprechend ergibt sich beim Zusammenschluß von Elementarwellen, deren Radien nach außen hin je Öffnung nur eine Wellenlänge kleiner werden, als Einhüllende eine zur Zonenplatte hin geöffnete Kugelschale (Abb. 36). Diese Kugelwelle, die von einem Punkt hinter der Zonenplatte auszugehen scheint, dehnt sich immer weiter aus. Die Zonenplatte verhält sich in diesem Fall also wie eine Zerstreuungslinse.

Das Erstaunliche an der Zonenplatte ist es, daß sie gleichzeitig als Sammel- und als Zerstreuungslinse wirkt. Das ist mit herkömmlichen Glaslinsen nicht zu erreichen.

Der Punkt, auf den ein paralleles, senkrecht auf eine Sammellinse treffendes Lichtbündel konzentriert wird, wird als Brennpunkt der Linse bezeichnet. Die Entfernung dieses Punktes von der Mitte der Linse heißt Brennweite.

Bei einer Zerstreuungslinse wird, wie wir eben gesehen haben, ein paralleles Lichtbündel in eine auseinanderlaufende Kugelwelle verwandelt. Der

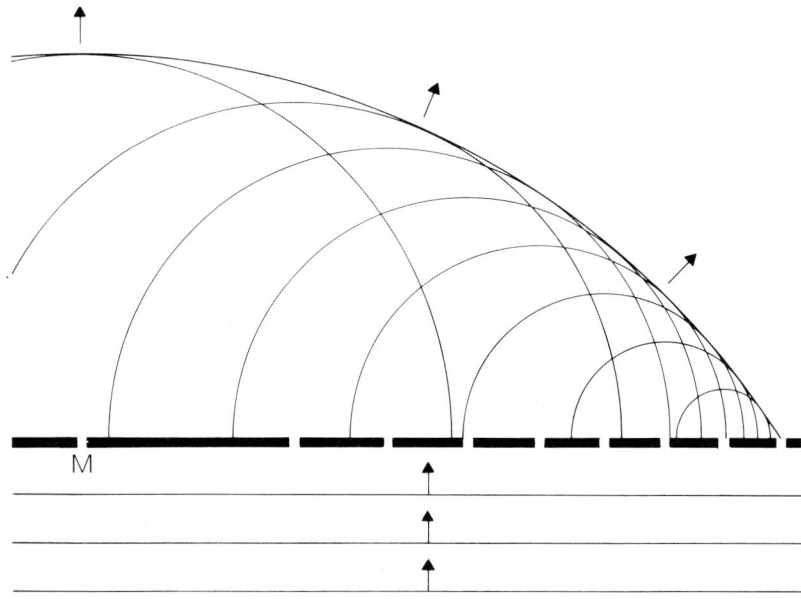

Abbildung 36 Entstehung einer sich ausbreitenden Kugelwelle beim Auftreffen einer ebenen Welle auf eine Fresnelsche Zonenplatte, deren Mitte M sich am linken Rand der Zeichnung befindet. Auch hier sind nur die Elementarwellen gezeichnet, die zur betrachteten Wellenfront beitragen.

geometrische Mittelpunkt dieser Kugelwelle wird als virtueller Brennpunkt, seine Entfernung von der Linsenmitte als Brennweite bezeichnet. (Die Brennweite einer Zerstreuungslinse wird in der Optik negativ angegeben; für unsere weiteren Überlegungen spielt dieses Vorzeichen jedoch keine Rolle und wird deswegen im folgenden weggelassen.)

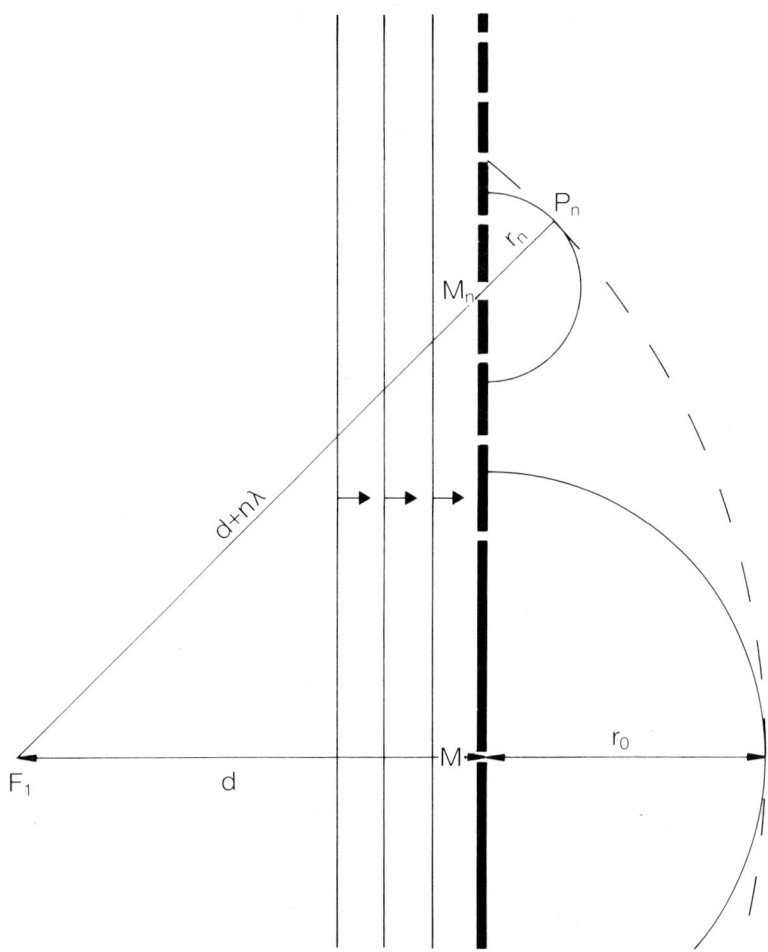

Abbildung 37   Aus dieser geometrischen Konstruktion folgt, daß die Zerstreuungslinsenbrennweite der Fresnelschen Zonenplatte gleich der Entfernung des diese Zonenplatte erzeugenden Objektpunktes zur Filmebene ist. Voraussetzung ist allerdings, daß bei der Hologrammaufnahme und bei der Wiedergabe Licht gleicher Wellenlänge verwendet wird.

Ein wenig Mathematik zeigt die zahlenmäßigen Zusammenhänge

Es soll jetzt gezeigt werden, daß bei einer Zonenplatte sowohl die Sammellinsen-Brennweite als auch die Zerstreuungslinsen-Brennweite mit der Entfernung des Objektpunktes, der die Zonenplatte erzeugt hat, identisch sind. Dazu betrachten wir nochmals Abb. 33. Aus ihr ist zu ersehen, daß der Abstand des Punktes P bis zur Mitte eines durchlässigen Rings von einem Ring zum nächstgrößeren um jeweils die Wellenlänge λ ansteigt. Gibt man dem zentralen Fleck der Zonenplatte die Ringnummer Null und bezeichnet die Strecke $\overline{PM}$ mit d, so ergibt sich für die Entfernung von P zur Mitte M_n des n-ten durchlässigen Rings:

$\overline{PM_n} = d + n\lambda$

Abb. 37 soll nun darstellen, wie ein paralleles Lichtbündel auf eine Zonenplatte trifft. Im Gegensatz zur Abb. 36 sind hier jedoch nur zwei Elementarwellen eingezeichnet: diejenige, die von der Mitte ausgeht, und eine vom n-ten durchlässigen Ring ausgehende. Die Radien dieser Elementarwellen sollen mit r_0 und r_n bezeichnet werden. Wir betrachten nun den Zusammenschluß, bei dem die Radien der Elementarwellen von der Mitte M ausgehend jeweils um eine Wellenlänge λ kleiner werden. Es gilt also

$r_n = r_0 - n\lambda$

Mit F_1 wird nun die Stelle bezeichnet, an der sich bei der Entstehung der Elementarwelle der Objektpunkt P befand. Die Gerade durch F_1 und M_n schneidet die von M_n ausgehende Elementarwelle senkrecht in P_n.

Für die Entfernung $\overline{F_1P_n}$ von F_1 nach P_n gilt also

$\overline{F_1P_n} = d + n\lambda + r_n$

und wegen

$r_n = r_0 - n\lambda$

folgt

$\overline{F_1P_n} = d + r_0$

Das bedeutet, daß die Entfernung $\overline{F_1P_n}$ für jede der in Betracht gezogenen Elementarwellen gleich ist. F_1 ist also der Mittelpunkt eines Kreises (bzw. einer Kugelschale), der alle Elementarwellen berührt: Dieser Kreis ist daher die Einhüllende der Elementarwellen und damit die aus dem Zusammenschluß entstehende neue Wellenfront. Die Entfernung d des Kreismit-

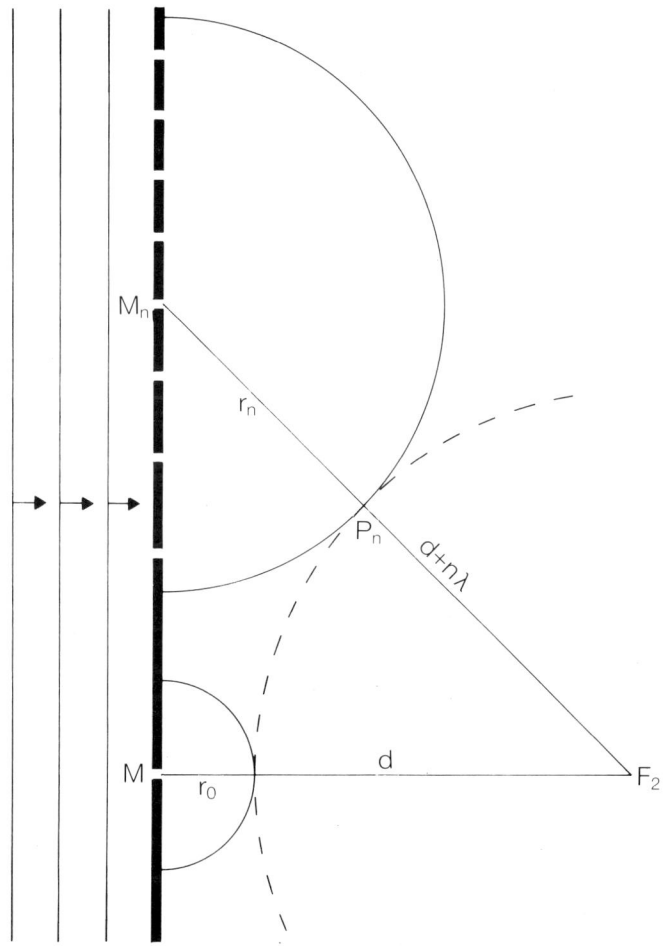

Abbildung 38   Aus dieser geometrischen Konstruktion ergibt sich, daß die Sammellinsenbrennweite einer Zonenplatte ebenfalls gleich der Entfernung des Objektpunkts bei der Aufnahme ist.

telpunktes F_1 von der Zonenplattenmitte M ist, nach dem anfangs Gesagten, die gesuchte Zerstreuungslinsen-Brennweite.

Ganz entsprechend erhält man aus Abb. 38 die Sammellinsen-Brennweite. Im Unterschied zur gerade untersuchten Situation liegt der Punkt F_2 spiegelbildlich zu F_1 auf der anderen Seite der Zonenplatte. Außerdem werden jetzt die Elementarwellen betrachtet, deren Radius von der Mitte M aus gesehen für jeden durchlässigen Ring um eine Wellenlänge λ anwächst. Wenn wir dieselben Bezeichnungen wie eben benutzen, gilt:

$\overline{F_2P_n} = d + n\lambda - r_n$
$r_n = r_0 + n\lambda$

und daraus folgt

$\overline{F_2P_n} = d - r_0$

Auch hier ist der Abstand von F_2 zu den Fronten aller ausgewählten Elementarwellen gleich, und auch hier werden die Elementarwellenfronten von der Linie $\overline{F_2M_n}$ senkrecht geschnitten. F_2 ist also Mittelpunkt einer kreis- bzw. kugelförmigen Einhüllenden und damit folgt, daß auch die Sammellinsen-Brennweite gleich d ist.

Alle Überlegungen dieses Kapitels gingen von der Voraussetzung aus, daß bei der Aufnahme der Zonenplatten und bei ihrer Beleuchtung Licht gleicher Wellenlänge verwendet wurde. Wird eine Zonenplatte mit der Wellenlänge λ_1 erzeugt und dann mit Licht der Wellenlänge λ_2 beleuchtet, so wirkt sie wie eine Linse mit der Brennweite

$f = \frac{\lambda_1}{\lambda_2} \cdot d$

Wir haben in den vorausgegangenen Ausführungen gesehen, daß das Hologramm eines Objektpunktes eine Zonenplatte ist, die gleichzeitig die Wirkung einer Sammel- und einer Zerstreuungslinse hat. Wir haben ferner gesehen, daß die Brennweite dieser „Linsen" gleich der Entfernung ist, die der Objektpunkt von der Fotoplatte hatte.

Wird nun diese Zonenplatte mit einem parallelen Lichtstrahl beleuchtet, so sieht ein Betrachter einen leuchtenden Punkt genau an der Stelle, an der bei der Aufnahme der Objektpunkt war. Ein zweiter Lichtpunkt liegt in gleicher Entfernung auf der anderen Seite der Zonenplatte. Diese beiden Lichtpunkte sind das virtuelle und das reelle Bild, das die Zonenplatte aufgrund ihrer Zerstreuungs- und Sammellinseneigenschaft von der beleuchtenden Lichtquelle erzeugt.

Hologramm: Überlagerung von Zonenplatten

Besteht ein Objekt aus mehreren Punkten, so erzeugt jeder Punkt bei Hologrammaufnahme seine eigene Zonenplatte mit jeweils der Brennweite, die seiner Entfernung von der Fotoplatte entspricht. Diese Zonenplatten, die zusammen das Hologramm bilden, überlagern sich, stören sich dabei aber nicht in ihrer Funktion. Bei der Beleuchtung mit einem Laser erzeugt dann jede Zonenplatte zwei punktförmige Bilder dieser Lichtquelle. Eines liegt genau an der Stelle, an der sich bei der Hologrammerzeugung der entsprechende Objektpunkt befand, der andere liegt spiegelbildlich auf der dem Betrachter zugewandten Seite des Hologramms.

Alle Bildpunkte auf der dem Betrachter abgewandten Seite des Hologramms ergeben zusammen das räumliche Bild des aufgenommenen Objekts. Da dieses Bild auf die Zerstreuungslinseneigenschaft der Zonenplatten zurückzuführen ist, kann es nicht auf einem Schirm oder einer Mattscheibe aufgefangen werden. Man nennt es daher virtuell (d. h. soviel wie „scheinbar").

Die Bildpunkte auf der dem Betrachter zugewandten Seite ergeben zusammen ebenfalls ein räumliches Bild des Objekts. Dieses Bild besteht aber aus Bildpunkten, die auf einer Mattscheibe oder einem Schirm aufgefangen werden können. Es ist daher ein reelles Bild. Da die einzelnen Bildpunkte, bezogen auf die Hologrammebene, spiegelbildlich zu den jeweiligen Objektpunkten liegen, sind hier Vorder- und Hintergrund vertauscht. Es wurde bereits früher erwähnt, daß ein derartiges Bild pseudoskopisch heißt.

Das gleichzeitige Vorhandensein des virtuellen und des reellen Bildes wirkt sich bei der Betrachtung störend aus. Jedoch schon in den Anfangstagen der Holographie wurde das Problem dadurch gelöst, daß man den Referenzstrahl bei der Aufnahme nicht senkrecht, sondern schräg auf die Fotoplatte auftreffen ließ (off-axis-Anordnung). In diesem Fall sind bei der Wiedergabe das virtuelle und das reelle Bild bei unterschiedlicher Beleuchtungsrichtung zu sehen und stören sich nicht gegenseitig.

Wenn beim Betrachten der Hologramme das beleuchtende Lichtbündel nicht genau dem Referenzstrahl bei der Aufnahme entspricht, sind die holographischen Bilder gegenüber dem Original verzerrt und verkleinert bzw. vergrößert. Wir könnten diese Verhältnisse jetzt mit Hilfe der Gesetze der geometrischen Optik berechnen, da wir gesehen haben, daß Hologramme einfach aus Linsen verschiedener Brennweiten aufgebaut sind. Quantitative Untersuchungen sollen in diesem Buch jedoch nicht durchgeführt werden. Dafür wollen wir zum Abschluß noch einige qualitative Betrachtungen anstellen.

Die Zonenplattenvorstellung erklärt vieles

Wenn ein Hologramm von einer ausgedehnten Lichtquelle beleuchtet wird, sind die von den Zonenplatten entworfenen Bilder der Lichtquelle nicht mehr punktförmig, sondern haben eine endliche Größe. Das bedeutet, daß das holographische Bild nicht aus Punkten, sondern aus Lichtflecken endlicher Größe aufgebaut ist. Diese sind um so ausgedehnter, je größer die Brennweite der abbildenden Zonenplatte ist. (Denken Sie an ein langbrennweitiges Teleobjektiv, das beim Fotografieren im Vergleich mit einem kurzbrennweitigen Weitwinkelobjektiv ein größeres Bild erzeugt.) Zonenplatten mit großer Brennweite entsprechen aber dem holographischen Bildhintergrund. Dieser wirkt dann unschärfer als der Bildvordergrund, der aus kleinen Bildern der Lichtquelle aufgebaut ist, die von kurzbrennweitigen Zonenplatten erzeugt wurden. Der geschilderte Effekt ist bei der Beleuchtung von Weißlichthologrammen deutlich zu bemerken. Dort wirken Bildteile um so schärfer, je näher sie sich an der Filmebene befinden. Bei Bildebenenhologrammen legt man häufig die Bildmitte in die Filmebene. Der mittlere Abstand der Bildelemente von der Filmebene wird so möglichst klein gemacht, und das holographische Bild wirkt daher besonders scharf. Auf diese Weise kann man auch verstehen, warum Weißlichthologramme um so schärfer wirken, je weiter die beleuchtende Lichtquelle entfernt ist.

Die Zonenplattenvorstellung erklärt weiterhin die Tatsache, daß sogar mit einem Bruchstück eines Hologramms das ganze Bild eines abgebildeten Gegenstands rekonstruiert werden kann. In einem derartigen Bruchstück sind Teile der Zonenplatten aller Punkte (abgesehen von eventuell perspektivisch verdeckten) vorhanden. Ein Teil einer Zonenplatte funktioniert (ebenso wie ein Teil einer Linse) weitgehend genauso wie eine komplette Zonenplatte. Lediglich der Raumwinkel, in den sich die Wellenfronten ausbreiten, ist eingeschränkt. Daher ist das aus einem Hologrammbruchstück rekonstruierte Bild auch nur aus einer „Schlüssellochperspektive" zu sehen.

Schließlich wird auch verständlich, warum ein Hintergrundteil aus einem bestimmten Blickwinkel von einem Vordergrundteil verdeckt werden kann, während es aus einem anderen Blickwinkel sichtbar ist: Bei der Aufnahme des Hologramms wird die Objektwelle eines Hintergrundpunktes durch den Vordergrund teilweise abgeschattet. Das bedeutet, daß sich auch nur auf einem Teil des Hologramms die Zonenplatte des Hintergrundpunktes ausbildet. Bei der Beleuchtung des fertigen Hologramms geht von diesen Zonenplattenteilen auch nur in einem Teil des Raumes eine Welle aus. Befindet sich das Auge des Betrachters in diesen Bereichen, so ist für ihn der Hintergrundpunkt sichtbar. Aus anderen Betrachtungswinkeln, die Raumbereichen entsprechen, die von der Welle nicht erreicht werden, ist der Hintergrundpunkt nicht zu sehen. Er scheint hier vom sichtbaren Vordergrund verdeckt zu sein.

Anhang

Rezepte für Entwickler und Bleichmittel

Im folgenden wird eine Liste von Entwicklern und Bleichmitteln angegeben. Die Liste ist natürlich nicht als vollständig anzusehen. Weitere Rezepturen sind in den im Literaturverzeichnis angegebenen Praxisbüchern (insbesondere im „Holography Handbook" von F. Unterseher et. al. und im Buch „Homegrown Holography" von G. Dowbenko) zu finden. Die Entwickler 1) und 2) sowie das Bleichmittel 1) sind für Reflexionshologramme sehr wirksam und außerdem einfach anzusetzen und zu handhaben. Destilliertes Wasser ist nur für das Bleichmittel 1) notwendig.

Alle Chemikalien sind mehr oder weniger giftig. Es sollte immer mit Fotozange und Gummihandschuhen gearbeitet werden. Verbrauchte Chemikalien niemals in den Abfluß schütten, sondern in Plastikkanistern sammeln und bei einer Sondermülldeponie o. ä. abgeben!

I. ENTWICKLER

1.
Bestandteile: 1 Teil Dokumol + 4 Teile Wasser.
Entwicklungszeit: ca. 1 bis 2 min.
Vorteil: Dokumol (Hersteller: Tetenal) kann im Fotohandel gekauft werden. Das Mittel ist recht lange haltbar.
Nachteil: Die gebleichten Hologramme sind noch etwas lichtempfindlich.
Farbe der Reflexionshologramme: grün, aber etwas blaß.

2.
Bestandteil A: 10 g Pyrogallol in ½ l Wasser gelöst.
Bestandteil B: 10 g Natriumsulfit (Na_2SO_3) in ½ l Wasser gelöst.
Bestandteil C: 60 g Natriumkarbonat (Soda, Na_2CO_3) in 1 l Wasser gelöst.
1 Teil A + 1 Teil B + 2 Teile C unmittelbar vor der Verwendung zusammenschütten.
Entwicklungszeit: Direkt nach dem Zusammenschütten 1 bis 2 min, nach einer Stunde ca. 5–10 min.
Vorteil: Die gebleichten Hologramme sind weitgehend lichtunempfindlich.

Nachteil: Die fertige Lösung ist nur kurz (2–3 Stunden) haltbar. Gelöstes Pyrogallol (A) ist ca. 2–4 Wochen haltbar.
Farbe der Reflexionshologramme: grüngelb bis orange.

3.
Bestandteile:
2,5 g Metol,
50 g Natriumkarbonat (Soda, Na_2CO_3) und
10 g Ascorbinsäure (Vitamin C)
in 1 l Wasser gelöst.
Entwicklungszeit: 2–3 min
Vorteil: helle Reflexionshologramme
Nachteil: sehr kurze Haltbarkeit (einige Stunden).
Farbe der Reflexionshologramme: grün

4.
Entwicklungsrezept GP 61 von AGFA:
6 g Metol,
7 g Hydrochinon,
0,8 g Phenidon,
30 g Natriumsulfit (Na_2SO_3),
60 g Natriumkarbonat (Soda, Na_2CO_3),
2 g Kaliumbromid (KBr) und
1 g Na_4EDTA
in 1 l Wasser gelöst.
Entwicklungszeit: 2 min
Bemerkung: Holographen, die mit diesem Entwickler gearbeitet haben, scheinen nicht allzu sehr von seiner Wirksamkeit beeindruckt zu sein.

II. BLEICHBÄDER

1.
Bestandteile:
5 g Kaliumdichromat ($K_2Cr_2O_7$) und
5 ml konz. Schwefelsäure (H_2SO_4)
in 1 l dest. Wasser gelöst
Bemerkungen: Für Reflexions- und Transmissionshologramme.
Kann mehrfach benutzt werden.
Unbegrenzte Haltbarkeit.
Hologramme vor dem Bleichen keinesfalls fixieren.
Vorsicht: sehr toxisch!

2.

Bestandteile:
130 g Eisen(III)-nitrat (9 · H_2O),
30 g Kaliumbromid (KBr),
1 l Wasser
Beim Gebrauch mit 4 Teilen Wasser verdünnen.

Bemerkungen: Nur für fixierte(!) Transmissionshologramme. Insbesondere bei der Verwendung des (nur für Transmissionshologramme geeigneten) Filmmaterials 10E75 ergeben sich viel klarere Hologramme als bei der Verwendung des ersten Bleichmittels.

Zur Desensibilisierung des fertigen Hologramms wird empfohlen, die angegebenen Chemikalien in 0,6 l Wasser zu lösen, dazu eine Lösung von 0,3 g Phenosafranin (sehr teuer!) in 200 ml Methanol zuzugeben und mit Wasser auf 1 l aufzufüllen. Die Erfahrungen mit dem durch Weglassen von Phenosafranin vereinfachten Rezept sind aber durchaus positiv: Die Hologramme dunkeln bei tagelanger(!) direkter Sonnenbestrahlung etwas nach, wobei die Dunklung nach etwa zwei bis drei Tagen nicht mehr stärker wird. Die Qualität der Hologramme läßt dabei nicht merklich nach.

Der Ilford-Film SP673

Seit kurzem wird von der Firma Ilford holographischer Film, der mit dem Holotestmaterial vergleichbar ist, auf dem deutschen Markt angeboten. Dieser Film soll laut Firmenangabe nur über Fachgeschäfte ausgeliefert werden, die eine entsprechende Kundenberatung durchführen können. (Interessenten wird empfohlen, die Adressen dieser Fachgeschäfte bei Ilford, Postfach 124, 6073 Neu-Isenburg, zu erfragen.) Der Preis des Ilford-Materials ist mit dem des Holotestfilms vergleichbar. Allerdings sind laut Auskunft vorerst nur Filmstücke im Format 20,3x25,4 cm in Packungsgrößen zu 25 Blatt erhältlich. Plattenmaterial wird nicht hergestellt.

Der Film wird in zwei Varianten geliefert. Die eine Sorte hat die Bezeichnung SP673 und ist für Holographie mit He-Ne-Lasern geeignet. Die andere Sorte mit der Bezeichnung SP672 ist für unsere Zwecke weniger interessant, da sie für Licht im blau-grünen Spektralbereich sensibilisiert ist.

Der Film ist in unbelichtetem Zustand völlig durchsichtig. Da er außerdem ein extrem hohes Auflösungsvermögen besitzt (nach Firmenangabe 7000 Linienpaare/mm), ist er sowohl zur Aufnahme von Transmissionshologrammen als auch von Weißlichtreflexionshologrammen geeignet.

Die Verarbeitung

Der Autor hatte Gelegenheit, einige Versuche mit dem Ilford-Film durchzuführen. Dabei zeigte es sich, daß der Film SP673 – genauso wie der entsprechende Holotestfilm – für grünes Licht unempfindlich ist. Die Vorbereitungen zur Aufnahme und die Entwicklung des Films können daher bei relativ heller Beleuchtung mit grünem Licht durchgeführt werden.

Auch bei den Belichtungszeiten in vergleichbaren Situationen konnte der Autor keine entscheidenden Unterschiede zum Agfa-Film feststellen. Allerdings gab es Hinweise, wonach es günstig ist, den Ilford-Film geringfügig länger (ca. 20 %) zu belichten.

Ilford bietet für den holographischen Film einen speziellen Entwickler (SP678 C) und Bleichflüssigkeit (SP679 C) an. Es ist für viele Anwender sicher angenehm, nicht mit diversen, teilweise mühsam zu beschaffenden Chemikalien hantieren zu müssen, sondern auf optimierte Verfahren zurückgreifen zu können. Ein Hinweis ist dabei allerdings notwendig: Die von Ilford gelieferte Bleichflüssigkeit muß laut Angabe auf der Flasche mit 4 Teilen Wasser verdünnt werden. Dazu sollte man unbedingt destilliertes bzw. demineralisiertes Wasser verwenden. Die Gründe dafür sind weiter oben erläutert. Entwicklungs- und Bleichzeiten liegen bei drei bzw. zwei Minuten. Genauere Angaben sind der Tabelle am Ende dieses Kapitels zu entnehmen.

Natürlich kann man auch versuchen, den Ilford-Film nach denselben Verfahren zu verarbeiten wie den Holotest-Film. Erste Versuche zeigen, daß man bei der Entwicklung mit Pyrogallol bzw. Dokumol keine optimalen Ergebnisse erhält. Die so verarbeiteten Reflexionshologramme sind im Vergleich mit den Holotest-Hologrammen rötlicher und dunkler. Es ist daher empfehlenswert, die folgenden Angaben von Ilford möglichst genau einzuhalten.

Entwicklung	Ilford SP678 C	Verdünnung 1+4, 3 min
Stop-Bad	Ilford IN-1	30 sec
Bleichen	Ilford SP679 C	Verdünnung 1+4, 2 min
Wässern	fließendes Wasser	2 min
Netzmittel	Ilfotol	
Trocknen	Warmluft bis 40 Grad C	

Verarbeitungsvorschriften für Transmissions- und Reflexionshologramme

Es wird empfohlen, die Verarbeitung bei einer Flüssigkeitstemperatur von 30 Grad C und ständiger Bewegung durchzuführen.

Als Bleichbad kann auch eine Mischung aus 100 g Eisen-Natrium-EDTA und 10 g Kaliumbromid in 1 Liter Wasser verwendet werden. Bei Reflexionshologrammen soll das holographische Bild laut Ilford goldgelb statt grün aussehen.

Transmissionshologramme können auch mit Dokumol entwickelt, dann fixiert und schließlich mit Eisen III-nitrat-Bleichmittel (s. o.) gebleicht werden.

Bücher über die Holographie

Für Holographie-Enthusiasten

Ernst, Bruno: Holographie – zaubern mit Licht
Mit einem Druckhologramm 12×12 cm auf dem Umschlag.
Verlag R. Wittig, Hückelhoven 1987.

Sec, Peter: Holographie. Geschichte – Technik – Kunst.
Mit einem Druckhologramm auf dem Umschlag.
Verlag DuMont, Köln 1987.

Wissenschaftlich orientiert

Groh, Gunther: Holographie
Verlag W. Kohlhammer, Stuttgart.

Ostrowski, Ju. I.: Dreidimensionale Bilder durch Holographie
Verlag Harri Deutsch, Frankfurt 1974.

Kiemle, H., Röss, D.: Einführung in die Technik der Holographie
Akademische Verlagsanstalt, Frankfurt/M. 1969.

Francon, M.: Holographie
Springer Verlag, Berlin.

Miler, M.: Optische Holographie
Verlag Karl Thiemig, München 1978.

Stroke, George W.: An Introduction to Coherent Optics and Holography
Academic Press, New York.

Cathey, W. T.: Optical Information Processing and Holography
Wiley Interscience, New York.

Praxis der Naturwissenschaften, Physik, Heft 1/35, 1986 (Themenheft Holographie).
Aulis Verlag Deubner & Co., Köln.

Praktisch orientiert

Wenyon, Michael: Understanding Holography
David & Charles, London.

Saxby, Graham: Holograms
Focal Press Limited, London.

Dowbenko, George: Homegrown Holography
American Photographic Publ. Co.

Outwater, van Hamersfeld: Guide to Practical Holography
Pentangle Press, Beverly Hills.

Unterseher, Fred, Hansen, J. und Schlesinger, B.: Holography Handbook
Ross Books, Berkeley 1982. (Auch in deutscher Übersetzung erschienen.)

Ausstellungskataloge

Holographie – Medium für Kunst und Technik
Deutsches Museum, München, 1984.
Verlag Museum für Holographie & neue visuelle Medien, Pulheim.

Leuchtspuren. Holographie, Licht und Computer.
Hamburg, 1985.
Verlag Museum für Holographie & neue visuelle Medien, Pulheim.

Holographie in Wien. Faszination und Zukunft eines neuen Mediums.
Wien 1986.
Verlag Museum für Holographie & neue visuelle Medien, Pulheim.

Lipp, A. und P. Zec (Hrsg.)
Mehr Licht
Ernst Kabel Verlag, Hamburg 1985.

Licht-Blicke. Holographie – die dritte Dimension für Technik und Kunst.
Deutsches Filmmuseum Frankfurt am Main, 1984.

Stichwörter

A
Amplitudenhologramm 55
Auflösungsvermögen von Filmen 77
Aufnahme, Wartezeit 61
Aufnahmeanordnung 28, 43
Aufnahmeraum 42
Aufstellung des Objekts 59
Aufweiterlinse 45

B
Befestigung des Objekts 59
Beleuchtung des Objekts 52
Belichtungszeit 61
Bentonhologramm 80
Betrachtung von Hologrammen 63
Bewegung des Films 65
Bewegung des Objekts 66
Bild, reelles 70, 76
Bildebenenhologramm 68
Bleichen 62
Bleichflüssigkeit 55, 111
Brennweite von Zonenplatten 102
Brewsterwinkel 50
Bruchstück eines Hologramms 106

D
Datenspeicher, holographischer 92
Dokumolentwickler 55
Doppelbelichtungsverfahren 90
Dunkelkammerbeleuchtung 43

E
Einhüllende 98
Elementarwellen 98
Entsorgung 57
Entwickler 109 ff.
Entwicklungszeit 55, 56

F
Farbverschiebung 67
Fehler bei Aufnahme und Entwicklung 64 ff.
Fernsehen, holographisches 94
Filmschicht, empfindliche 60
Fixieren von Hologrammen 55, 75, 111
Fotomaterial, holographisches 54
Fresnelversuch 20

G
Gefahrenklassen für Laser 28

H
Helium-Neon-Laser 26
HOE 76, 88
Hohlform holographieren 73
Hologramm, mehrfarbiges 68
holographisch-optische Elemente (HOE) 76, 88
HOLOP 89
Holotest 54

I
Ilford 54, 111
Interferenz 19
Interferometrie 89

K
Kaliumdichromat 55
Kohärenz 23
Kohärenzlänge 24
Kreiswellen 32
Kreuzgitter 76

L
Laser 25
Laser, Leistung 26
Lasertransmissionshologramm 38, 73

Lichtechtheit von Hologrammen 57, 111
Lichtwellen 16

M
Masterhologramm 70
Mehrfachbelichtung 68
Mikrometer 40
Multiplexhologramm 86

N
Nanometer 22
Netzmittel 62
Normalfilmhologramm 76

O
Objekte, durchsichtige 74
Objektfarbe 58
Objektmaterial 58
Objektplattform 47
Objektwelle 29
Off-axis-Anordnung 105
optische Bank 47

P
Phasenhologramm 55
Plattenhalter 47
Polarisation 22
Prägehologramm 86
Pseudoskopie 37, 68
Pyrogallolentwickler 56

Q
Quellung der Filmschicht 71

R
Random polarization 26
Raumfilter 50, 52
Referenzwelle 29

Reflexe 66
Reflexionshologramm, Farbe 63, 66 ff.
Regenbogenhologramm 80
Reiter 48

S
Sandbox-Technik 41
Schichtdickenänderung 67
Schlitzblende bei Regenbogen- hologrammen 83
Schwenkarm 48, 51
Schwingungsdämpfung 42
Sehen, stereoskopisches 13
Stereogramm, holographisches 86
Strichgitter 76

T
Transmission 38
Triäthanolamin 67
Trocknung 62

U
Umkehrbleichung 55

W
Weißlichtreflexionshologramm 38
Wellen, elektromagnetische 21
Wellenlänge 22
Wellennatur des Lichts 17
Werkstoffprüfung 90

Z
Zeitmittelungsverfahren 91
Zonenplatte, Fresnelsche 96 ff.
Zusammenschluß von Wellenfronten 34
Zylinderlinse 83

Über 3 Millionen Besucher haben in den letzten Jahren das »Museum für Holographie & neue visuelle Medien« in Pulheim oder eine seiner zahlreichen Ausstellungen im In- oder Ausland besucht; wie z. B. in Århus, Amsterdam, Barcelona, Berlin, Florenz, Hamburg, Kopenhagen, Linz, Moskau, München, Wien.

Das Museum hat Ausstellungen zum Thema Holographie und neue Medien in über 100 Städten Europas ausgerichtet. Die Holographiesammlung des Museums umfaßt rund 1000 Hologramme und gilt als eine der besten Sammlungen weltweit.

Das **Museum für Holographie & neue visuelle Medien** berät bei Ausstellungsvorbereitungen, stellt Leihgaben zur Verfügung, organisiert Ausstellungen international, veranstaltet Sonderausstellungen, fördert Medienkunst, ist Treffpunkt und Anlaufstelle für jeden, der sich für Holographie interessiert.

Qualifizierte Einführungskurse in die Holographie finden im Rahmen des pädagogischen Museumsprogramms statt.

Öffnungszeiten: Freitag . . . . 14 bis 20 Uhr
Samstag, Sonn- und Feiertag . . . . 11 bis 18 Uhr
Gruppen jederzeit nach telefonischer Anmeldung

Museum für Holographie & neue visuelle Medien

Pletschmühlenweg 7
5024 Pulheim
Telefon 0 22 38 / 5 10 54

ILFORD Filme und Verarbeitungsbäder für die Holografie sind zu beziehen durch:

HOLOPRINT ROSOWSKI
Lindenau 23
4174 Issum 1
Tel. 0 28 35 / 16 84

HOLTRONIC GmbH
Melchior-Huber-Str. 25
8011 Ottersberg
Tel. 0 81 21 / 8 10 05

Materialvertrieb · Beratung
Workshops · Holografielabor

Hologramme geben Ihrer Werbung eine Extradimension

Für Werbezwecke wurde eine Spezialtechnik zur Herstellung zwei- oder dreidimensionaler Hologramme entwickelt: die Druckhologramme. Auf die dabei verwendete Folie kann man zwei- oder dreidimensionale Abbildungen aufdrucken. Für 2D/3D-Druckhologramme muß eine Vorlage eingereicht werden. Den 3D-Effekt besorgt Vision Products. Für 3D-Druckhologramme ist ein dreidimensionales Modell im Maßstab 1:1 erforderlich. Hologramme können durch Heißprägung auf alle Arten von Druckerzeugnissen aufgebracht werden. Neu ist die Möglichkeit, Objekte in Druckhologrammen kleiner als in Wirklichkeit wiederzugeben.

Wir produzieren Filmhologramme 10×12 cm nach Ihren Angaben in kleinen Auflagen zu erstaunlich günstigen Preisen. Fragen Sie uns!

Für ausführliche Informationen oder eine Terminvereinbarung nehmen Sie bitte telefonisch Kontakt mit uns auf!

Vision Products – für Hologramme und 3D-Ideen
Vision Products Nederland B.V.
Veemarktkade 8, 5222 AE 's-Hertogenbosch, Postbus 139, Tel. 0031-73-217150

Neuerscheinung – Der europäische Bestseller nun auch in deutscher Sprache

Bruno Ernst

Holographie – zaubern mit Licht

Ca. 120 S., 104 Abb. Format 16,5x23,5 cm. ISBN 3-88984-040-X. DM 29,80.

Mit einem großformatigen Druckhologramm (12x12 cm) auf dem Umschlag.

Bruno Ernst, Mathematiker, Physiker und Pädagoge, ist durch zahlreiche Bücher zu Themen aus dem Grenzbereich zwischen Wissenschaft und Kunst bekannt. Er hat die Entstehung und Entwicklung der Holographie seit der ersten Veröffentlichung von Dennis Gabor im Jahre 1948 bis heute verfolgt und zahlreiche Artikel darüber verfaßt. Dieses reichbebilderte Buch ist eine allgemeinverständliche Einführung in die Grundlagen der Holographie und ihrer Anwendungen. Empfehlenswert für alle Leser, die sich einen Überblick über die vielfältigen Möglichkeiten dieses Mediums verschaffen wollen.

Wir haben weitere Bücher zum Thema Fototechnik und Fotogeschichte im Programm, zum Beispiel:
Gianni Rogliatti, LEICA – Die ersten sechzig Jahre. DM 68,–.
Peter Braczko, NIKON-Faszination. Geschichte, Technik, Mythos von 1907 bis heute.
Fordern Sie unseren Gesamtprospekt an! Alle Bücher erhalten Sie im Buch- und Fotofachhandel oder direkt vom

Rita Wittig Fachbuchverlag
Chemnitzer Straße 10 · D-5142 Hückelhoven · Telefon 0 24 33/8 44 12